香蕉水肥一体化

荔枝水肥一体化

波罗蜜水肥一体化

苦瓜水肥一体化

豇豆水肥一体化

辣椒水肥一体化

橡胶施肥

新时代乡村振兴丛书

黄丽娜　雷　菲　魏守兴◎主编

热区科学施肥技术

SPM 南方传媒　广东科技出版社
全国优秀出版社

· 广州 ·

图书在版编目（CIP）数据

热区科学施肥技术 / 黄丽娜，雷菲，魏守兴主编. —广州：广东科技出版社，2023.8

（新时代乡村振兴丛书）

ISBN 978-7-5359-8052-6

Ⅰ.①热…　Ⅱ.①黄…②雷…③魏…　Ⅲ.①热区—施肥—基本知识　Ⅳ.①S147.2

中国国家版本馆CIP数据核字（2023）第013844号

热区科学施肥技术

Requ Kexue Shifei Jishu

出 版 人：严奉强

责任编辑：尉义明　谢绮彤

封面设计：柳国雄

责任校对：于强强

责任印制：彭海波

出版发行：广东科技出版社

　　　　　（广州市环市东路水荫路11号　邮政编码：510075）

销售热线：020-37607413

https://www.gdstp.com.cn

E-mail：gdkjbw@nfcb.com.cn

经　　销：广东新华发行集团股份有限公司

排　　版：创溢文化

印　　刷：广州市彩源印刷有限公司

　　　　　（广州市黄埔区百合三路8号　邮政编码：510700）

规　　格：889 mm×1 194 mm　1/32　印张6.25　插页2　字数180千

版　　次：2023年8月第1版

　　　　　2023年8月第1次印刷

定　　价：30.00元

如发现因印装质量问题影响阅读，请与广东科技出版社印制室
联系调换（电话：020-37607272）。

《热区科学施肥技术》
编委会

主　编：黄丽娜　中国热带农业科学院热带作物品种资源研究所

　　　　雷　菲　海南省农业科学院农业环境与土壤研究所

　　　　魏守兴　中国热带农业科学院热带作物品种资源研究所

副主编：黄艳艳　中国热带农业科学院橡胶研究所

　　　　程世敏　中国热带农业科学院热带作物品种资源研究所

　　　　刘海林　中国热带农业科学院橡胶研究所

参　编：（按姓氏音序排列）

　　　　冯振翠　中国热带农业科学院热带作物品种资源研究所

　　　　林慧茹　中国农业大学资源与环境学院

　　　　王荣香　中国热带农业科学院热带作物品种资源研究所

　　　　魏军亚　中国热带农业科学院热带作物品种资源研究所

　　　　肖丽燕　中国热带农业科学院热带作物品种资源研究所

　　　　赵增贤　中国热带农业科学院热带作物品种资源研究所

　　我国热带地区（热区）指我国北纬23°26′以南的区域，同时满足日平均气温≥10℃的天数为285天以上，年积温≥6 500℃，最冷月平均气温≥10℃，多年年极端最低气温平均值≥2℃的区域。涉及区域主要包括：海南、台湾，香港、澳门特别行政区，福建、广东、广西、湖南、江西南部、云南、四川、贵州干热河谷地带，西藏墨脱、察隅、波密的低海拔地区。我国热带地区气候资源条件优越，农作物生长季节长达9个月甚至全年，仅占国土面积5.6%的热带地区可供应全国约70%的冬季瓜菜需要，是我国重要的冬季瓜菜种植基地、热带水果基地和南繁育种基地。近年来，伴随着热区农业的快速发展，农业对化肥的依赖性也逐渐加大，加之热区土地基础肥力差、农作物复种指数高、经营分散等特点，导致了耕地质量下降，影响了热区农业可持续发展。因此，普及和推广热区作物科学施肥技术，对热区农业高质量发展具有重要意义。

　　本书共分十一章，包括热区自然概况、热区主要经济作物、作物营养与施肥原理、肥料概况、热区施肥技术类型、热区施肥存在的问题、果树类作物科学施肥技术、瓜菜类作物科学施肥技术、油料类作物科学施肥技术、粮食类作物科学施肥技术和其他类作物科学施肥技术。为了满足广大读者对热区作物科学施肥的理论知识和实践技术需求，本书在借鉴国内外最新研究成果的基础上，对我国热区的自然资源和土壤类型、各类肥料的性质特点和施用方法、主要施肥技术、施肥原理及施肥存在的问题等方面进行了详细介绍，对热区主要经济作物的需肥特性和施肥技术进行了重点阐述。

本书的编写以实用施肥技术为主，适合热区种植户、基层农业技术人员使用，具有一定的参考价值。但是在实际生产过程中，作物品种、地力条件、区域环境等均有差异，本书所用肥料及其用量仅供读者参考，建议读者结合实际情况进行调整。

由于编者的水平有限，书中难免存在错误及不当之处，诚望各位同行和广大读者给予批评指正。

编　者

2023年3月

第一章　热区自然概况

　　热带地区（简称热区）是指南北回归线之间的地带，地处赤道两侧，面积占全球面积的39.8%。热区一般年绝对低温平均值0℃以上、全年基本无霜冻、日均温度≥10℃的积温为7 000～7 500℃、年降水量1 000 mm以上。世界热区能够进行热带作物种植的土地面积超过5亿hm²，主要分布在东南亚及南亚地区、中西非的大西洋沿岸各国、南美洲的亚马孙河流域。我国热区一般指北回归线以南的热带、南亚热带地区，主要分布在海南、广东、广西、台湾等省区，以及云南、贵州、四川的干热河谷区域等，面积约为50万km²。我国热带地区的光热资源、种质资源丰富，可选种植作物品种多，作物全年可以生长，生长发育快。其中，海南省是全省覆盖的热区，其生产种植具有我国热带地区的显著特性。目前我国热区主要种植天然橡胶、木薯及热带果树、热带香料饮料作物等。

一、热区主要自然条件

　　热区终年温暖，有利于作物生长，终年可进行光合作用，雨量充沛，是地球上生物量增长最快的地区，每年增长的生物量（干物质）达146 t/hm²。热带生长着较多的C_4植物，C_4植物对光能的利用率比C_3植物的效率要高2～3倍，因此，热带某些作物可以达到很高的产量，具有很大的农业潜力。

（一）光照

　　光是植物进行光合作用、制造有机养分不可缺少的条件，影响作物的生长和抗性。我国热区位于北回归线以南，终年太阳高度角

大，太阳辐射能相当丰富，日照充足。海南热区年太阳辐射总量为 4 600～5 800 MJ/m²，年日照时数在 1 793～2 590 小时，光照率为 50%～60%；云南等热区年日照时数在 1 800～2 300 小时，光温充足，光合潜力高，为热带气候的形成奠定了基础。热区光照的另一特点是冬季光照充足，可弥补冬季温度的不足，有利于热带作物越冬。

（二）热量

中国热带是全国热量最丰富的地区，年均温度一般为 22～27℃，日均温度≥10℃的连续积温为 8 000～10 000℃（云南热带为 7 500～8 500℃），持续天数近 365 天，典型热带作物如橡胶、椰子、可可、胡椒等可正常生长，但在冬季因受南下冷空气的影响，大部分地区最冷月平均温度一般为 15～19℃，平均极端低温为 5～8℃，比世界其他热带地区都低。遇到寒潮过境时，我国热区还会出现短时的低温，如 1955 年 1 月的特大寒潮，使雷州半岛和海南岛北部出现过 0℃左右的低温，云南河口也出现数十年未见的 2.1℃极端低温，曾使热带作物遭受不同程度的损害。

（三）水分

中国热带是全国降水量丰富的地区之一，除海南岛西南部和云南元江谷地外，年降水量一般都在 1 200～2 000 mm。热区年降水的季节分配极不均匀，分为湿季和干季。湿季（5—10 月）降水量一般占全年降水量 80% 以上，有的地方如海南三亚、东方及台湾恒春等地甚至达到 90%；干季（11 月至翌年 4 月）则常出现降水不足。这种干湿季分明，是中国热带季风气候主要特征之一。与热带稀树草原和热带荒漠相比，中国热带有雨热同季的优越性，对发展农业极为有利。

（四）土壤

植物生长所必需的水分、空气、矿质元素是植物直接从土壤中摄取的。土壤是岩石圈表面能够生长植物的疏松表层，是陆地植物生活的基质。它提供植物生活所必需的矿质元素和水分，是生态系统中物质与能量交换的重要场所。同时，它本身又是生态系统中生物部分和无机环境部分相互作用的产物。由此可见，土壤支持作物生长，为作物提供水分、养分，影响根系呼吸作用。

热区土壤温度高，微生物比较活跃且分解能力强，土壤中的有机质被微生物分解，因此含量低，加上腐殖质中以分子量小、芳构化程度较差的富里酸占优势，致使热区土壤有机质结构简单、土壤贫瘠。热区土壤潜在肥力低，土壤中氮含量与有机质含量呈正相关。磷在土壤中易被固定，很难移动，土壤磷含量局部变化差异很大；我国热区部分土壤风化程度极为强烈，是我国土壤平均磷素含量最低的区域。土壤钾素主要来源于土壤中的含钾矿物和钾肥，其含量受母质中矿物组成、土壤质地、土壤的淋溶作用等因素影响。我国热区成土母质含钾矿物少、降水量大且淋溶作用严重，土壤钾含量尤其是有效钾含量偏低。我国热带作物种植区的土壤中，钙、镁含量一般也偏低。土壤中多数微量元素，如钼、锌等，因热带作物种植区土壤酸性较强，微量元素可给性较低而常常不能满足作物的需要。盐基饱和度在一定程度上反映了土壤的养分状况，热区土壤偏酸性，盐基饱和度较低，为30%～50%。

二、热区土壤类型及分布

热区由于水热状况、生物过程等成土条件的差异，土壤基本上呈地带性分布，具有明显的地域性。热区地处热带、南亚热带，土壤在高温多雨的生物气候条件下形成，主要土壤类型有砖红壤、赤

红壤，其次为燥红土、黄壤、热带滨海沙土。水平分布规律由南至北分别为：砖红壤地带、赤红壤地带，沿海地区分布有热带滨海沙土，热带干旱区有燥红土分布。垂直带谱由高到低则为：南方山地草甸土→黄壤→赤红壤→砖红壤。现仅就热带作物利用的土壤类型分别简述如下。

（一）砖红壤

砖红壤为热带地区代表性土壤，主要分布于海南岛、雷州半岛、台湾南部及西双版纳等地。其特点是：土层深厚，风化强烈。由于长期受热带雨林影响，有明显的雨林成土过程，其表现是：生物循环强烈，能量转化迅速，水分条件较好。砖红壤的自然肥力很高，物理性质良好，有比较稳定的保水、保肥能力。但开垦种植后，如果管理不到位，土壤肥力下降明显。由于气候、地貌、成土母质和生物条件不同，土壤的生成发育和性状有明显的差异。一般分为4个亚类。

1. 红色砖红壤

又称暗色砖红壤，主要分布于云南西南的部分地区，常与赤红壤呈复区分布。原生植被为以热带雨林为主的复杂群落。表土呈暗红色，心土层呈红色，pH 4.5左右，主要利用方向是发展橡胶树、胡椒、可可、咖啡、大叶茶、香兰、三七、砂仁等热带经济作物和药用植物。

2. 黄色砖红壤

主要分布于海南东北部和云南东南部。由于降水量比一般砖红壤分布地区高300～500 mm，湿度也较大，在湿热条件下，氧化铁的水化程度高，易形成针铁矿，与红色砖红壤相比，针铁矿含量高15%左右，而赤铁矿含量则低20%左右，故土体呈黄色或黄棕色。在海南东北部已营造防护林的地方，除种植橡胶树间作大叶茶外，还可发展胡椒、咖啡等，种植甘蔗、甘薯等旱作物。在云南东南部一带，土壤自然肥力较高，除可种植橡胶树外，还可发展腰果、油瓜、油棕等。

3. 砖红壤性土

主要分布于广东西部和东南部，广西西南部，福建、台湾南部等地。这种土壤质地偏沙，肥力极低，心土有网纹出现。地面有稀疏的草本植被覆盖，有的地方植被受到破坏，水土流失严重，造林可选择耐贫瘠的速生树种，如木麻黄、台湾相思、桉树等，增加覆盖面、防止水土流失，提高肥力。

4. 赤土

又称耕种砖红壤。主要分布于丘陵、台地和阶地，以种植旱作物和香茅、剑麻、甘蔗、香料、水果等经济作物为主。在热带条件下，耕垦后会使土壤有机质迅速分解矿化，因此要注意耕作及培肥，以不断提高地力。

（二）赤红壤

赤红壤是热带向南亚热带过渡的土壤，我国称之为南亚热带的代表性土类。主要分布于广东西部、广西南部、福建南部、台湾南部及云南的临沧、思茅、红河、德宏等，以及海南西北部和北部丘陵低山地区。天然植被为季风常绿阔叶林。成土母质有花岗岩、片岩、原岩、流纹岩、紫色砂页岩、砂页岩、泥岩、玄武岩及古红土等，是龙眼、荔枝、香蕉、杧果、柑橘、番木瓜、阳桃、大叶茶、砂仁、甘蔗和紫胶等经济作物和药用作物的主产地。有林木覆盖的赤红壤质地多为中壤或重壤土，土层深厚、肥力高或中等。

赤红壤理化性质主要有以下几点：

（1）有明显的淀积层。赤红壤地区干湿季节交替，有利于土壤胶体的淋溶，并在一定的深度凝聚，因而土壤普遍具有明显的淀积层。

（2）黏粒矿物以高岭石为主。赤红壤的黏粒矿物组成比较简单，主要是高岭石，且多数结晶良好（玄武岩发育的赤红壤结晶较

差），伴生黏粒矿物有针铁矿和少量水云母，极少三水铝石。

（3）交换性铝占优势，土壤呈酸性。多数赤红壤交换性铝占绝对优势。土壤呈酸性反应，水浸pH为5.0～5.5，盐浸（KCl）pH多数<5.0。

（4）阳离子交换量较低。各类母质发育的赤红壤，其阳离子交换量的顺序是：辉长岩→泥页岩→凝灰岩→第四纪红色黏土→花岗岩。

（5）铁铝氧化物淀积较为明显，游离铁氧化物含量较高，不仅影响着阳离子交换量，而且对土壤中磷素的固定起着重要作用。

（6）有机质含量低，矿质养分较贫乏。赤红壤所处的地理位置具有较为优越的生物气候条件，除现有耕地仍应加强培肥和保护性种植措施，大面积山丘赤红壤资源有着发展热带经济作物的优势，生产潜力极大。在开发利用上，应从全局出发，实行区域种植，重点发展热带、亚热带水果。

（三）红壤

红壤是中亚热带的典型土壤，主要分布于长江以南的低山丘陵区，包括：江西、湖南大部分地区，云南、湖北的东南部，广东、福建北部及贵州、四川、浙江、安徽、江苏等一部分地区。红壤区的年平均温度为15～25℃，日均温度≥10℃的积温为4 500～9 500℃，最冷月平均温度为2～15℃，最热月平均温度为28～38℃；年降水量为1 200～2 500 mm；冬季温暖干旱，夏季炎热潮湿，干湿季节明显。红壤呈酸性–强酸反应，其表土呈暗灰色或灰棕色，心土呈红色，土层厚薄不一（60～150 cm），具碎块状结构，质地多为中壤或重壤，pH 5.4～6.0。丘陵红壤一般氮、磷、钾的供应不足，有效态钙、镁的含量也少，硼、钼也很贫乏。草地红壤旱瘠，森林红壤肥力较高，有机质3%～5%，磷素缺乏。

（四）黄壤

黄壤主要分布于贵州海拔 1 000 m 左右的高原面上和四川盆地内与盆地边缘山地，以及云南东部的湿润温凉山区和湖北西部山地；在湖南、江西、浙江、安徽、广东、广西、海南、台湾的山地垂直带谱上也有分布。这类土壤与红壤分布于同一纬度带，但雾日比红壤区多一半以上，日照率较红壤区少 30%～40%，热量较红壤区低，降水量 1 000～2 000 mm，蒸发量较低，各月湿润度均 >1.0。黄壤地区地形复杂，成土母质类型多，主要有花岗岩、砂页岩、砂岩、片麻岩、石英岩、板页岩、石灰岩和第三纪及第四纪沉积物。原生植被为亚热带阔叶林及常绿–落叶阔叶混交林。

黄壤形成于暖湿的气候条件。海南中部低、中山地区，随着地势的升高，温度明显降低，雨量在一定高度范围递增。在这种云雾多、日照少、夏无酷热、干湿季不明显的条件下，生长着沟谷雨林和山地雨林，种类繁多的植被为土壤提供了大量的枯枝落叶。由于暖湿气候条件，其有机质分解缓慢，累积多，使黄壤的表土层有机质含量较为丰富。地形对黄壤出现的上下限有深刻的影响，由于五指山山脉的屏障作用，地处迎风坡的海南东部，黄壤出现的位置下移，而地处背风坡的海南西部则抬升。

黄壤的成土过程具有富铁铝化较弱和生物富集强的特点，盐基离子淋失比红壤强，铁铝富集仍很明显。黄壤土体经常潮湿，土壤矿物水解和水化作用强烈，土体胶粒结合水高达 27.8%。在水化作用下，土体中铁化合物成为多水化合物，使土体呈黄色、黄棕色或锡黄色。黄壤的黏粒硅铝率为 1.87，其黏土矿物以高岭石、三水铝石、埃洛石为主。黄壤成土过程的另一特点是生物循环比砖红壤弱，土壤有机质含量总的趋势是随着海拔上升而增加，这与温度随海拔升高而降低，湿度增大，土壤有机质分解速率低而有利于有机质累积有关。

（五）燥红土

这类土壤属半淋溶土纲。过去曾称之为热带稀树草原土，主要分布于海南西南部及云南元江、红河、金沙江和怒江的干热河谷。海南由于受五指山的阻隔，东南季风不能进入西部，以致形成了干热的气候生境。在云南南部，由于河流的强烈下切，海洋性季风在迎风坡面受阻，上升时失去水分，到背风坡面下沉为干热气流，产生"焚风"效应，因此使得当地热量高，降水少，年平均温度为24～25℃，日均温度≥10℃的积温为8 700℃，年降水量为750～1 000 mm，年蒸发量为降水量的2～3倍，相对湿度60%～70%。主要自然植被为多刺肉质喜热耐旱植物。主要成土母质：海南西南部为浅海沉积物；元江河谷多为花岗岩、片岩和片麻岩；金沙江河谷为花岗岩、玄武岩、砂页岩，局部地区有石灰岩及新老冲积物；怒江河谷主要为花岗岩、片麻岩、片岩、辉长岩等组成的混合岩。在元谋、宾川、怒江坝、南涧还有新老冲积沉积物，也有紫色砂页岩。

在上述条件下形成的燥红土，淋溶作用较弱，复盐基过程加强，pH呈微酸性、中性。在钙质冲积物上甚至出现微碱性。云南的燥红土一般土层较薄，发生层次分异不明显。根据云南的成土过程和特点，将这个土类划分为3个亚类。

1. 热燥红土

光热条件好，夏秋水热同季，可种植热带经济作物和农作物，如咖啡、菠萝、香蕉、番木瓜、西瓜、无花果、荔枝、甘蔗等。

2. 干燥红土

干燥红土较热燥红土更干旱些。其特点和利用方向与热燥红土相似。当前应积极种草及营造灌木林、乔木林，以改善生态环境。

3. 暖燥红土

暖燥红土的热量不如热燥红土亚类，但更干燥。其中部分分布在平缓的丘陵地区。土层深厚，肥力较高。可发展农作物、蔬菜、瓜果，也可种植泰国木棉及耐旱耐瘠的草本和灌木，以改善燥热河谷的生态环境。

海南的燥红土区，由于热量更丰富，光照更充足，是发展剑麻、番麻的基地，也已种有较大面积的腰果，并选择水源方便的地方种橡胶树。最突出的问题是干旱缺水。除积极解决水源问题外，还应大力营造耐旱、耐贫瘠的防护林。

（六）紫色土

紫色土是紫色岩上发育的一类岩性土，主要分布于四川红色盆地，云南、贵州、福建、广东、广西、海南等也有分布，在海南主要分布于儋州、白沙、琼海的丘陵地带。紫色土的性状受紫色岩的成岩过程及组成的影响很大。紫色砂岩的颗粒粗大，常含有石英砂，透水性好，养分较易淋失。紫色页岩的颗粒细小，组织致密，透水性较差，保持养分的性能较好。紫色砂页岩在风化过程中，由于岩石吸热性强，昼夜温差大，易受热胀冷缩的影响而进行物理性崩解，使岩石迅速变成细碎状物质；尤其在高温多雨季节，这种物理风化更为强烈。而紫色土矿物的化学风化作用较弱，不具有热区土壤的脱硅富铝化作用的特点，形成的土壤保留了母质的颜色。酸性紫色土的质地随母岩的类型而异，以沙壤土至黏壤土居多。表层土以沙壤土居多，母质层以黏壤土为主。其孔隙状况良好，吸热性强。夏季白天土温可高达60℃，吸湿性弱，回润性强，一夜浓雾可使土壤湿润，数日晴天，又使土壤变干。紫色土母岩松脆，易于风化分解，成土较快，矿物质养分丰富，即使土层浅薄，稍加耕锄也能种植作物，是热带经济作物生产的良好基地。

（七）石灰（岩）土

石灰（岩）土是由碳酸盐岩类发育形成的岩成土类，受成土母质的影响仍很深。主要分布于广西、贵州及湖南、湖北、四川、广东、海南等省区。海南主要分布于东方、琼中、儋州等山麓缓坡处

的石灰岩地区。在热带高温多湿的生物气候条件下，石灰岩的风化以化学溶蚀过程为主，同时受脱硅富铝化过程的影响，故脱钙与复钙过程反复交替进行，相应地形成了不同发育阶段的石灰土。海南石灰（岩）土的理化性质：母质风化彻底，土层深厚，可超过1米，碳酸钙严重淋失，但土体中仍有游离碳酸钙存在，有弱的石灰反应，表层土壤pH 6.5～7.5。

（八）水稻土

水稻土是我国重要的耕作土壤之一，广泛分布于平原、丘陵和山区，其中以长江中下游的河、湖平原，四川盆地，珠江、闽江三角洲及台湾西部平原尤为集中。水稻土有淹育水稻土、渗育水稻土、潴育水稻土、潜育水稻土、脱潜水稻土、漂洗水稻土、盐渍水稻土。水稻土是指在长期淹水种稻条件下，受到人为活动和自然成土因素的双重作用，从而产生水耕熟化和氧化与还原交替，以及物质淋溶、积淀，形成特有剖面特征的土壤。水稻土由于长期在水淹的缺氧状态下，土壤中的氧化铁就会被还原成易溶于水的氧化亚铁，然后随水在土壤里面移动。当土壤排水后或受稻根的影响（水稻有通气组织为根部提供氧气），氧化亚铁就又会被氧化成氧化铁而沉淀，从而形成锈斑、锈线，土壤下层较为黏重。

水稻土主要有以下特征：

（1）油性。它是土壤腐殖质和黏粒含量适中的表现，有机质含量约（29.2 ± 0.46）g/kg，黏粒含量一般为16%左右，油性是指具有非常良好的结构等综合肥力较高的土壤性状。

（2）烘性与冷性。它是指含有机质较多，且C/N高的土壤温度变化的综合反映。

（3）起浆性与僵性。一般质地黏重，主要是由于黏土矿物不同而形成不同的水分物理性状，前者以2：1型为主，后者以1：1型为主。

（4）淀浆性与沉沙性。一般质地较沙〔二氧化硅（SiO_2）含量在70%以上〕，主要是由于粗粉沙与黏粒之比的差异而形成不同的水分物理性状，前者的粗粉沙与黏粒之比约为2：1，后者多为5：1。

（九）滨海盐土、酸性硫酸盐土

1. 滨海盐土

分布于沿海的海口、文昌、琼海、万宁、临高、儋州、昌江、陵水等海陆之间的潮间带。滨海盐土是指海水退潮后露出海面的滩涂土壤。它是随河流或地表径流流入海的泥沙或由风浪掀起的浅海沉积物，在潮汐和海流的作用下，在潮间带絮凝、沉积，使滩面不断淤高以至露出海面后发育形成的一种土壤。

2. 酸性硫酸盐土

主要分布于海南琼山、文昌、儋州、陵水等地的红树林保护区内。酸性硫酸盐土是指滨海岸生长红树林后形成的滩涂土壤，或在这种土壤上进行人工开垦，但由于红树林残体侵袭于土体中，使土壤中产生大量的黄钾铁矾新生体的一种富含硫的土壤。它与滨海沼泽盐土的成土条件相似，即具有盐化、沼泽化形成过程的特点。同时，由于生长红树林，红树植物通过选择吸收海水和海涂中含量较高的硫素，而使体内富含硫。红树林植物每年有大量残体归还土壤，加之植物的阻浪促淤作用，其残体逐步被埋藏于土体中，形成红树林残积层。土壤养分因植被和利用状况不同而有差异。在有红树林生长的地方，每年有大量的残落物归还土壤，土壤有机质和氮素含量较高，磷含量一般较低，全钾含量并不高，但速效钾含量甚高；而经开垦后的酸性硫酸盐土的有机质、全氮、磷含量却较低，但速效钾含量则较高。

三、热区土壤肥力

　　土壤肥力是土壤能经常适时供给并协调植物生长所需的空气、温度、养分和无毒害物质的能力，是土壤内在的物质、结构和理化性质与外界环境条件综合作用的结果。它是土壤各种理化性质和生物学性质的综合反映，是土壤的主要功能和本质属性。土壤肥力，是反映土壤肥沃性的一个重要指标，是衡量土壤能够提供作物生长所需的各种养分的能力，是土壤区别于成土母质和其他自然体的最本质的特征，也是土壤作为自然资源和农业生产资料的物质基础。

　　土壤肥力按成因可分为自然肥力和人为肥力。自然肥力是在土壤母质、气候、生物、地形等自然因素的作用下形成的土壤肥力，是自然再生产过程的产物，是土地生产力的基础，它能自发地生长天然植被。我国热区地处热带、亚热带，土壤风化强烈，含黏粒高；生物合成量虽高，但分解迅速，有机质累积量低；母质矿物中大量元素含量低，热区降水量大，中微量元素含量一般偏低，土壤自然肥力整体偏低。土地经开垦后转化迅速，若利用不当，自然肥力很快下降。人工肥力是指通过人类生产活动，如耕作、施肥、灌溉、土壤改良等，在人为因素作用下形成的土壤肥力。经济肥力是自然肥力和人工肥力的统一，是在同一土壤上两种肥力相结合而形成的。由于人工肥力是凭借人的生产活动形成的，人们就可以利用一切自然条件和社会条件促使人工肥力的形成，并加快潜在肥力转化，使土地尽快投入生产。农业生产中，能为植物或农作物即时利用的自然肥力和人工肥力叫"有效肥力"，不能即时利用的叫"潜在肥力"。潜在肥力在一定条件下可转化为有效肥力。如热区黏质土的有机质含量高，氮、磷、钾养分含量丰富，虽然潜在肥力较高，但因通气不良、养分转化缓慢、有效养分含量低而影响作物生长。对这种土壤应采取客土或多施有机肥或勤中耕等措施，促使潜在肥力向有效肥力转化。

目前影响土壤肥力的因素有养分因素、物理因素、化学因素、生物因素等。

养分因素是指土壤中的养分贮量、强度因素和容量因素，主要取决于土壤矿物质及有机质的数量和组成。我国热区部分土壤矿物质、有机质虽然含量比较高，但其有效性较差，一旦被植物吸收利用以后，必须迅速地得到补充，方能保证土壤养分浓度即强度因素维持在一个必要的水平上。

物理因素是指土壤的质地、结构状况、孔隙度、水分和温度状况等。它们影响土壤的含氧量、氧化还原性和通气状况，从而影响土壤中养分的转化速率和存在状态、土壤水分的性质和运行规律、植物根系的生长力和生理活动。物理因素对土壤中水分、肥力、气体、温度方面的变化有明显的制约作用。我国热区土壤大部分质地为黏土，结构紧密，孔隙度低，土壤通气性较差；水分变化较大，气温高，植株生长快，易出现缺水的状况。因此热区作物根系生长易受到土壤物理因素限制，根系对养分的截获、质流和扩散的作用也易受到影响。

化学因素是指土壤的酸碱度、阳离子吸附及交换性能、土壤还原性物质、土壤含盐量，以及其他有毒物质的含量等。它们直接影响植物的生长和土壤养分的转化、释放及有效性。一般而言，在极端酸性环境、有大量可溶性盐类存在或有大量还原性物质及其他有毒物质存在的情况下，大多数作物都难以正常生长和获得高产。土壤阳离子吸附和交换性能的强弱，对土壤保肥性能有很大影响。土壤酸度通常与土壤养分的有效性有一定相关性。热区土壤大多呈酸性，土壤磷素在pH为6的微酸环境时有效性最高，当pH低于6时，其有效性明显下降；土壤中锌、铜、锰、铁、硼等营养元素的有效性一般随pH的降低而增高，但钼则相反。土壤中某些离子过多和不足，对土壤肥力也会产生不利的影响。热区土壤钙离子不足会降低土壤团聚体的稳定性，使其结构被破坏，土壤的透水性因而降

低；土壤中铝离子、氢离子过多，会使土壤呈酸性反应和产生铝离子毒害。

生物因素是指土壤中的微生物及其生理活性。它们对土壤氮、磷、硫等营养元素的转化和有效性具有明显影响，主要表现在：①促进土壤有机质的矿化作用，增加土壤中有效氮、磷、硫的含量；②促进腐殖质的合成作用，增加土壤有机质的含量，提高土壤的保水保肥性能；③进行生物固氮，增加土壤中有效氮的来源。

第二章　热区主要经济作物

凡有利于人类而由人工栽培并收获的绿色植物，都称作物。按作物的生理生态特性划分，适于热带、南亚热带地区栽培的各类经济作物称为热带经济作物。依据作物对温度条件的要求，热带作物在全生育期中需要的温度和积温都较高，其中大部分生长发育的最低平均温度为15～18℃。本书所提及的热带作物，是指在我国已形成规模生产，或具有发展前景的热带经济作物。经济作物的分类有多种，有按植物学系统分类的，有按其用途来区分的，也有按植物生态特性来分类的。下面将按热带经济作物的用途来分类，有些作物可能有多种用途，则以主要用途归类。

一、果树类作物

（一）大宗果树

1. 香蕉

香蕉是芭蕉科芭蕉属植物，分布在南北纬30°以内的热带、亚热带地区，是世界四大水果之一。世界上栽培香蕉的国家有130多个，以中美洲产量最多，其次是亚洲。我国是香蕉原产地之一，有3 000多年的香蕉栽培历史，是香蕉的主要生产国。我国香蕉主要分布在广东、广西、福建、台湾、云南和海南，贵州、四川、重庆也有少量栽培。香蕉为多年生常绿大型草本植物，喜高温、多湿、静风环境，忌霜冻，怕强台风和台风，忌积水，怕干旱，在土层深、土质疏松、排水良好的环境生长旺盛。

香蕉植株由地下部（球茎、根系、吸芽）和地上部（假茎、

叶、花序和果实）组成。香蕉根系是地下球茎上所抽生的细长肉质根，按根系的着生和分布情况，将根系分为平生根和直生根。平生根大多数在地下球茎的上部四周长出，分布在近地面10～30 cm的土层里，伸展范围宽度1～3 m；直生根从地下球茎的下部长出，数量较少，几乎是垂直向下生长，入土深度120～150 cm。根末端不断分生幼根，幼根尾端着生许多根毛，与土壤细粒密接，吸收水分和肥料。香蕉的茎分真茎和假茎。真茎又称球茎，形状短圆且呈块状，埋没在土中或稍露出地面，是养分储存中心，是整个植株的重要器官。假茎即常见长在地上部的主茎，是支撑、输导、保护幼叶与花梗发育的器官。香蕉叶由叶鞘、叶柄及叶片组成，香蕉一生有35～45片叶。叶片是光合作用的主要器官，新叶展出之前，在假茎中心卷成筒状，叶柄和叶鞘伸长形成，叶柄伸出假茎外，叶片即自上而下展开。蕉叶生长中极易横向撕裂，然而中肋与叶缘间的维管束连接仍然完整，对发育影响不大。香蕉花为穗状无限花序，顶生，花序完全抽出后渐渐下垂，开花时苞片向外卷曲。香蕉花通常分雌花、中性花及雄花三种类型，只有着生在穗轴基部的雌花能结成果实，故要及早断蕾以免消耗养分。大多数食用蕉不需要授粉就能结实，故称单性结实，正常情况下果实没有种子。香蕉未成熟时果皮青绿色，催熟后为黄色。香蕉果穗一般每穗有7～16梳，每梳10～30个果指，每果指长6～25 cm，重50～300 g。

根据香蕉的植株形态特征及经济性状，通常把食用蕉分为香牙蕉、大蕉、粉蕉和龙牙蕉共四种类型，另外还有贡蕉。我国以种植香牙蕉为主，主要品种有巴西、威廉斯、宝岛、南天黄等。香蕉具有速生高产、易种植、投产早、经济效益高等特点。定植后一年左右可收获，产量为30～45 t/hm^2，高产香蕉园可达75 t/hm^2。香蕉生长周期可以分为营养生长、花芽分化和显蕾、果实发育和采收三个阶段，其中以第2阶段的水肥管理最为重要。

香蕉肉质柔软，清甜可口而有芳香，品质优良，营养丰富。香蕉的含水量较高（约70%），且含有丰富的碳水化合物（蔗糖、果糖和葡萄糖）、蛋白质、膳食纤维、磷、钾、维生素A和维生素C。香蕉味甘性寒，具有较高的药用价值。其主要功用是清肠胃，治便秘，并有清热润肺、止烦渴、填精髓、解酒毒等功效。常吃香蕉可防止高血压。常食香蕉不仅有益于大脑，预防神经疲劳，还有润肺止咳、防止便秘的作用。除果实外，叶、花、根等器官都可入药。香蕉除鲜食外，还可加工成罐头食品，也可烘干、晒干制成蕉粉、蕉片或发酵酿酒，亦可深加工成香蕉香精，作为各种饮料香剂。

2. 杧果

杧果是著名的热带水果，原产印度和马来西亚，印度栽培的历史最久，产量最多，占世界产量的40%。全世界约有90个杧果种植国家，从地理位置来看，北起我国四川南部，南至美洲南部，横跨南北纬30°之内的地区。其中，亚洲是杧果种植面积最大的地区，产量最高，占世界总产量85%；其次是美洲，产量约占世界总产量14%。中国是杧果主要生产国之一，杧果生产分布于台湾、广东、广西、海南、福建、云南、四川等省区，贵州也有少量种植。杧果以其独特的风味和维生素含量高的特点，在世界生产与贸易上均有一定的地位。

我国杧果生产在20世纪80年代以前不成规模，仅有少量种植。1986年，国务院出台大力发展热带作物的战略决策，拉开了热带作物规模发展的序幕，杧果产业的发展也进入快车道。一些晚花、丰产、稳产品种和配套技术的推广应用，消费市场的拉动，以及政府的推动，最终在华南地区掀起了杧果种植的热潮，特别在广东、广西和海南出现规模化的种植。目前我国杧果种植面积占17%左右，居世界第2位。根据气象条件与物候特征，我国杧果产业可划分为五大优势产业带：海南早熟杧果优势产业带；广东雷州半岛早熟、中熟杧果优势产业带；广西右江河谷中熟杧果优势产业带；云南西南-云南南-云南中元江流域杧果优势产业带；云南金沙江干热河谷流域晚熟杧果优势产业带。

杜果树属于常绿乔木，树干直，树枝强大。杜果叶子互生，全缘，长15~30 cm，侧脉呈羽状。新叶为紫红色，旧叶是绿色。花顶生，花序直立，淡黄色，有一定香气。杜果果实呈肾脏形，成熟时为橘黄色或红色。杜果耐旱性能较强，喜温好光，但不耐寒、不耐涝。水分过多不利于开花结果，如果水分过少，会导致杜果出现裂果。年均降水量在700 mm以上的地区都可以种植。杜果对土壤的要求不高，冲积土、红壤土等多种土壤类型都能够种植。杜果属于菌根植物，要求土壤中要含有丰富的有机质。土层深厚、土质肥沃、排水条件好，pH 5.5~7.0，都可以为杜果提供良好的生长环境。热量条件为杜果栽培的重要指标，其栽培适宜气温为25~30℃，花期授粉温度要求在20℃左右，无低温和阴雨天气，生育期全年基本无霜，日照充足，全年日照时数为2 700小时。

杜果肉质细腻，气味香甜，含有丰富的糖、维生素、蛋白质，而且人体必需的常量和微量元素（硒、钙、磷、钾、铁等）含量也很高，有"热带果王"之称。杜果每年1月开花，5—6月成熟，秋杜则在9—10月收获。鲜果多供生食，也可加工成罐头、凉果和风味饮料。我国种植的杜果品种主要有金煌杜、贵妃杜、台农1号、白象牙、凯特杜、三年杜、四季杜、红玉、台牙、帕拉英达、圣心杜等20余个，其中以金煌杜、贵妃杜、台农1号、凯特杜、三年杜等为主，占市场份额的80%以上。贵妃杜、金煌杜、凯特杜、四季杜、桂热82号、台农1号6个品种被农业农村部确定为主推品种，目前我国杜果良种覆盖率达98%。

3. 菠萝

菠萝又称凤梨，凤梨科果子蔓属单子叶多年生草本植物，热带、亚热带水果。菠萝广泛分布于南北回归线之间，是世界重要的水果之一，原产中、南美洲，17世纪传入我国，18世纪在我国已有种植。现世界有80多个国家和地区作为经济作物栽培，主要产区集中在泰国、菲律宾、印度尼西亚、越南、巴西、南非和美国等。我国是菠萝十大主产国之一，我国广西、台湾、海南、广东及福建等省区大量种植。在贵州的南部地区、云南等地，也都有少量的栽种。我国菠萝的主要产地是在广东湛江、汕头及江门等地，占我国菠萝市场的50%～60%。

20世纪70年代末至90年代初期，菠萝种植和加工发展迅速，1988年，全国栽培面积达8.9万hm^2，总产量58.4万t。20世纪90年代中后期，经过产业结构与产业布局的优化调整，菠萝产业迎来新的快速发展时期，单位面积产量与效益明显提高。近年来，我国菠萝种植面积较为稳定，种植面积约100万亩（亩为非标准单位，1亩=1/15 hm^2≈666.67 m^2），产量约170万t，其中广东和海南的产量占全国总产量的90%。我国菠萝平均单位面积产量略高于世界平均水平，但不同地区差别很大，广东省单位面积产量远高于世界平均水平，与名列世界第5位的墨西哥相当，海南省的单位面积产量略高于世界平均水平。我国菠萝主要栽培品种为巴厘，约占全国菠萝种植总面积的76%，除了巴厘外，台农16、台农17、金菠萝等品种的种植面积也呈逐年增加趋势。

菠萝植株茎短，叶多数，莲座式排列，剑形，长40～90 cm，宽4～7 cm；顶端渐尖，全缘或有锐齿；生于花序顶部的叶变小，常呈红色。花序于叶丛中抽出，状如松球，长6～8 cm，结果时增大；苞片基部绿色，上半部淡红色，三角状卵形；花瓣长椭圆形，端尖，长约2 cm，上部紫红色，下部白色。菠萝聚花果肉质，长15 cm以上。花期夏季至冬季。菠萝营养丰富，其成分包括糖类、蛋白质、脂肪、维生素、蛋白质分解酶及钙、磷、铁等，维生素C含量最高。我国菠萝约80%作为新鲜水果进入国内市场。一般近销的以1/2小果转黄时采收为宜，远销或作为加工原料的果以小果草绿或1/4小果转黄时为采收适期。菠萝既可鲜食，又可加工，可加工成糖水凤梨（菠萝）罐头、凤梨（菠萝）果汁等。此外，菠萝加工中副产品，可制糖、酒精、味精、柠檬酸等。

4. 荔枝

荔枝是无患子科荔枝属常绿乔木，通常高约10 m。荔枝与香

蕉、菠萝、龙眼被称为"南国四大果品"。荔枝栽培主要分布在南北纬17°～26°，部分淡水资源丰富的地区可延伸到北纬32°。世界约有25个国家有荔枝商业化栽培，主要分布于南美洲、北美洲、亚洲、大洋洲和非洲，在地中海沿岸的国家也有零星分布，其中，亚洲是主要的生产地区，总产量占96%以上，以中国、印度、越南、泰国栽培面积较大，是主要的生产国。中国荔枝主要分布于北纬18°～29°，广东栽培最多，福建和广西次之，四川、云南、重庆、浙江、贵州及台湾等省区也有少量栽培。我国荔枝栽培面积和产量均居世界首位，均约占60%。

荔枝在中国的栽培历史，可以追溯到汉代。经过2 000多年的发展，我国荔枝栽培基本形成了海南和雷州半岛早熟荔枝产业带，广东、广西中熟荔枝产业带，福建、四川晚熟荔枝产业带。荔枝品种很多，分布最广的品种为妃子笑，其余依次为黑叶、桂味、白糖罂、怀枝、糯米糍、鸡嘴荔等。近年来，海南特色品种大丁香、紫娘喜、无核荔枝等在全国各产区均有试种，区域之间品种交流的力度正逐步加大。

荔枝树树体高大，百年生的树高16 m以上，树冠直径15 m以上，主干粗大。树干高低及树冠大小与土壤、品种、繁殖方法及栽培管理有关。土层瘠薄或地下水位高，树冠较小；土层深厚肥沃，树冠较大。荔枝枝梢顶端优势强，顶芽容易萌发成枝，新梢老熟后有的顶端枯死，由第1侧芽变成顶芽。荔枝的枝梢依其性质可分为营养枝和结果母枝。由叶芽抽出带叶的枝条称营养枝，一般长度为20～30 cm，徒长枝长60～100 cm。末次梢营养充足、生长良好，次年能抽穗开花者，称为结果母枝。荔枝为聚伞花序，圆锥状排列。主花序的大小因品种而异，花序大小与果实成熟期、果实大小、叶片大小有一定的相关性。荔枝花穗抽出至开花前的孕蕾期长短与多种因素有关，但以冬春季（1—3月）的气温影响最大，一般为30～40天，而开花期的长短则与品种、气候、花穗抽生早迟等有关，短的仅15天，长的可达86天。

荔枝树喜高温高湿，喜光向阳，它的遗传性要求花芽分化期有相对低温，但最低气温在-4℃至-2℃又会遭受冻害；开花期天气晴朗、温暖而不干热最有利，湿度过低、阴雨连绵、天气干热或有强劲北风均不利于开花授粉。花果期遇到不利的灾害天气，会造成落花落果，甚至失收。荔枝大部分是种在丘陵、坡地，这些土壤通常有机质含量较少，土层较浅，保水保肥能力差，如不注意土壤管理，荔枝的生长发育将受到严重影响。荔枝所含丰富的糖分具有补充能量、增加营养的作用；荔枝对大脑组织有补养作用，能明显改善失眠、健忘、神疲等；荔枝肉含有丰富的维生素C和蛋白质，有助于增强机体免疫功能，提高抗病能力。荔枝还具有补肝益脾、生津止渴等作用，能促进血液循环、止呃逆、止腹泻、消肿解毒、止血止痛和补气安神等。

5. 龙眼

龙眼原产我国南部及西南部地区，又称桂圆、圆眼、益智等。全球龙眼主产区范围为东经105°40′～119°31′，北纬28°50′至南纬7°30′。世界龙眼分布以亚洲为主，主产国为中国、泰国和越南，印度、菲律宾、缅甸、马来西亚、印度尼西亚等亦有栽培。19世纪以后，传入美洲、非洲、大洋洲的部分地区，美国的佛罗里达州和澳大利亚的昆士兰地区都有少量种植。

我国是世界上栽培龙眼最早的国家，在2 000多年前的汉代就有栽培。据汉代《三辅黄图》记载，汉武帝曾在帝都建扶荔宫，试图将龙眼等引到中原温带地区栽种，可见当时南方已有栽培。中华人民共和国成立后，我国龙眼产业快速发展，目前种植面积稳定在450万亩，年产量近200万t。我国是龙眼栽培面积最广、产量最大的国家，龙眼投产面积在全球约占60%，其次是泰国。我国龙眼最早在岭南地区栽培，四川、福建稍晚。目前，我国龙眼主要集中在广东、广西、福建、海南、贵州、四川等省区，云南和长江中上游河谷地带也有少量栽培。

龙眼为常绿乔木，根系发达，生命力强，其分布范围因土壤、

地下水位和管理措施的不同而异。在土层深厚、地下水位较低的红壤山地，龙眼根垂直分布2～3 m，三十五年生实生树根深达5 m。龙眼吸收根系分布在10～100 cm深的土层，10～60 cm深的占84.3%。若地下水位高或有硬土层，其垂直根入土深度受到限制，浅的仅0.35 m。侧根的水平分布面积为树冠的1～3倍，但80%根系分布在树冠扩展的范围内。龙眼特性为早熟性、顶端优势明显、潜伏力强。叶片为偶数羽状复叶（2～6对小叶），小叶披针形，侧脉不明显，未成熟叶呈红褐色或红色，成熟叶叶面和叶背的色泽不同。龙眼花序大型，多分枝，顶生和近枝顶腋生，花瓣乳白色。果近球形，直径1.2～2.5 cm，通常黄褐色或有时灰黄色；种子茶褐色，光亮，全部被肉质的假种皮包裹。花期春夏季，果期夏季。

龙眼生长在南亚热带地区，喜温暖湿润气候，能忍受短期霜冻，在0～4℃的低温条件，短期内不会冻死，冬季短期低温有利于龙眼花芽的分化和形成。龙眼产区一般年降水量在1 200～1 600 mm，阳光充足。龙眼对土壤的适应性很强。只要表土层深厚、排水良好，几乎各种土壤均能适应，以沙壤土最好，其次是沙质红壤及黏土。土壤pH为5.4～6.5生长最好。龙眼皮薄、肉脆、味甜，果形圆。加工晒干除皮后被称为桂圆肉，可入中药。龙眼营养丰富，是滋补气血的好产品，新鲜龙眼味甘如蜜，除鲜食外，还可制成罐头、酒、膏、酱等，亦可加工成桂圆干等。此外龙眼的叶、花、根、核均可入药。龙眼树木质坚硬，纹理细致优美，是制作高级家具的原料，又可以雕刻成各种精巧工艺品。

（二）稀有果树

1. 火龙果

火龙果是仙人掌科量天尺属量天尺的栽培品种，原产美洲热带和亚热带地区，其他热带和亚热带地区多有栽培。越南、泰国等东南亚国家，中国广东、广西、福建、海南、台湾等省区也有种植。火龙果是我国特色的优势农产品，其味道香甜、营养丰富、土地产出率高、见效快，在农业增效、农民增收、产业扶贫等方面发挥了重要作用。近年来，我国火龙果不同产区种植面积和产量稳步增长，种植区域逐步扩大，一些地区甚至将火龙果产业作为乡村振兴的支柱产业，成为当地乡村振兴的重要抓手。

火龙果根系无主根，侧根大量分布在浅表土层，同时有很多气生根，可攀缘生长。茎深绿色、粗壮，茎节处生长攀缘根，可攀附其他植物生长。火龙果叶已退化，光合作用功能由茎干承担。茎的内部是大量饱含黏稠液体的薄壁细胞，有利于在雨季吸收尽可能多的水分。火龙果芽内有数量较多的复芽和混合芽原基，可以抽生为叶芽、花芽。花芽发育前期，在适宜的温度条件下，可以向叶芽转化；而生长旺盛的枝条顶端组织，也可以在适当的条件下抽生花芽。火龙果花白色，巨大子房下位，花长约30 cm，有"霸王花"之称。

火龙果为热带、亚热带水果，喜光耐阴、耐热耐旱、喜肥耐瘠。在温暖湿润、光线充足的环境下生长迅速，春夏季露地栽培时应多浇水，使其根系保持旺盛的生长状态，在阴雨连绵天气应及时排水，以免感染病菌造成茎肉腐烂。火龙果生长的适宜温度为25～35℃，可适应多种土壤，但以含腐殖质多、保水保肥的中性土壤和弱酸性土壤为好。火龙果果实营养丰富，具有低脂肪、高纤维素、高维生素C、高磷脂、低热量等特点，每100 g果肉中含脂肪0.21～0.61 g、蛋白质0.15～0.22 g、果糖2.83 g、葡萄糖7.83 g、钙6.3～8.8 mg、铁0.55～1.65 mg、维生素C 8.0～9.0 mg。此外，火龙果果肉还含有少有的植物性白蛋白及花青素，经常食用可预防便秘及降低血糖、血脂、血压等，食疗和保健功能显著。

2. 波罗蜜

波罗蜜又称木波罗、树波罗、菠萝蜜、密多罗、牛肚子果，是世界上最重的水果，一般重5～20 kg，最重超过50 kg，加之果实肥厚柔软，清甜可口，香味浓郁，被誉为"热带水果皇后"。波罗蜜原产印度，主产国有印度、孟加拉国及马来西亚等。我国栽培波

罗蜜至今已有1 000多年的历史，现海南、广东、广西、云南、福建、台湾和四川南部的热带南亚热带地区均有栽培。我国波罗蜜以海南种植最多，为常见热带果树之一。

在我国，波罗蜜分为干苞、湿苞两大类型。所谓干苞、湿苞，都是就果实种苞的品质和成熟后所含水分多少而言。干苞波罗蜜主要特征是植株生长较慢，生长势较差，结果较迟；果实发育期较长，迟熟，要120天以上才成熟；果熟时果皮较硬，苞肉水分少，质地硬结成块，肉质爽脆，有"硬苞"之称。湿苞波罗蜜主要特征是植株生长较快，枝叶茂盛，结果较早；果实发育期稍短，100～120天成熟；果熟时皮软，苞肉水分多。波罗蜜种植在海拔600 m以下低丘陵地区或者平地，甚至在海拔1 300 m的地方也能生长良好。波罗蜜对土壤要求不严格，抗旱能力强。波罗蜜生长的理想土壤是土层深厚、疏松肥沃、排水良好的酸性土壤（pH 6.0～7.0），在海南丘陵地区的红壤地也适宜种植。波罗蜜喜热带气候，适合生长于无霜冻、年降水量充沛的地区。波罗蜜要求当地的年平均气温>21℃，最冷月平均气温>13℃，绝对最低温度>0℃。波罗蜜的营养价值很高，含有碳水化合物、蛋白质、淀粉、维生素、氨基酸及对人体有用的各种矿物质，有止渴、通乳、补中益气的功效，是极佳的养生水果。

3. 莲雾

莲雾是桃金娘科蒲桃属的热带常绿果树，原产马来半岛及安达曼群岛，仅有东南亚地区有经济栽培。17世纪引入我国台湾，现在海南、广东、广西、福建和云南等都有栽培。莲雾又称洋蒲桃、辈雾、琏雾、爪哇蒲桃，以印度尼西亚爪哇栽培最多。莲雾适应性强，喜温暖怕寒冷，除水果用外，其优美的树形还应用于园林绿化，已经成为美化环境的亮丽风景线。莲雾在海南被称为"点不"，也被称为"扑通"；在广东被称为"棉花果"，在潮汕地区被称为"莲雾"。

莲雾生长适宜温度为25～30℃，但开花期间如气温降到7℃以下，则花蕾及幼果会受害而脱落。如海南年均气温23℃以上，北部冬季平均气温13~15℃，因此，海南全省各地均可栽植。莲雾对土壤条件的要求不甚严格，微酸性至微碱性，即pH为5.5~7.8的沙壤土或红壤均宜，虽然红壤、冲积土、沙质黄壤等都能种植，但仍以选择土层深厚、土壤肥沃、有机质丰富、排灌良好、水源充足的缓坡地、平地或水田建园为好。莲雾种植忌选择在洼地、风口或北面地区。莲雾抗风能力差，选择背风向阳的园地，山地以海拔100 m以下之南向缓坡地为佳，北面因日照不足，且在开花结果期易遭遇寒流影响，故不适宜种植。

莲雾富含丰富的维生素C、维生素B_2、维生素B_6，以及钙、镁、硼、锰、铁、铜、锌、钼等中微量元素，莲雾水分含量大对皮肤有好处。莲雾是微碱性水果，可调节人胃肠的酸碱度。莲雾带有特殊的香味，是天然的解热剂。另外，莲雾性味甘平，有润肺、止咳、除痰、凉血、收敛功效。主治肺燥咳嗽、呃逆不止、痔疮出血、胃腹胀满、肠炎痢疾、糖尿病等。用果核炭研末还可治外伤出血、下肢溃疡。莲雾不耐贮藏，以鲜果生食为主，也可盐渍、糖渍、制罐头及脱水蜜饯或制成果汁等。

4. 番木瓜

番木瓜是热带、亚热带常绿软木质小乔木，别名木瓜、番瓜、万寿果、乳瓜、石瓜等，原产墨西哥南部及邻近的美洲中部地区，广泛种植于世界热带和较温暖的亚热带地区。我国引种栽培番木瓜已有300多年的历史，目前主要分布在广东、海南、广西、云南、福建、台湾等。我国番木瓜种植区分为三个优势产区。

（1）北热带番木瓜优势区。主要包括海南三亚、陵水、乐东和保亭，是番木瓜种植的最适宜区，可全年采收果实，占据了我国12月至翌年5月的番木瓜市场，也是鲜食番木瓜效益最高的区域。

（2）北热带北缘番木瓜优势区。主要包括雷州半岛、海南中北部、云南河口、西双版纳和元江河谷及西藏东南边境。该区域主要在5—12月供应市场，是我国番木瓜的主要产区。

（3）广东中北部、广西、福建、四川番木瓜优势带。番木瓜种植的次适宜区，一般采用春播秋植的方式，在7—11月供应市场。尤其是珠三角地区，由于邻近珠三角城市群而成为番木瓜优势产区。

番木瓜喜高温多湿的热带气候，不耐寒，遇霜即凋零，因根系较浅，忌大风，忌积水。番木瓜对地热要求不严格，丘陵、山地都可栽培，对土壤适应性较强，以酸性至中性为宜，以疏松肥沃的沙壤土或壤土为好。番木瓜适宜在年均温度22～25℃、年降水量1 500～2 000 mm的温暖地区种植，适宜生长的温度是25～32℃，5℃时幼嫩器官开始出现冻害，0℃时叶片枯萎。番木瓜果皮光滑美观，果实厚实细致、香气浓郁，甜美可口，营养丰富，有"百益之果""水果之皇""万寿瓜"等雅称，是岭南四大名果之一。番木瓜分为果用和菜用两种，主要用于鲜食、做菜和加工。番木瓜含有17种以上氨基酸及钙、铁等，还有木瓜蛋白酶、番木瓜碱等，具有健脾消食、丰胸通乳、提高抗病能力、抗痉挛和抗疫杀虫等作用。

二、瓜菜类作物

（一）苦瓜

苦瓜又称凉瓜、癞瓜、红羊等，属于葫芦科苦瓜属植物。果实中含有一种糖苷，具有特殊的苦味，所以称为苦瓜。一年生攀缘状柔弱草本。苦瓜原产印度，广泛栽培于世界热带到温带地区，我国南北均普遍栽培。根系比较发达，侧根多，根群分布直径达1 m以上，深度50 cm以上。根系主要分布在30～50 cm的耕作层内，喜潮湿。苦瓜茎蔓生，五棱，浓绿色，被茸毛；主蔓各节的腋芽活动能力很强，形成比较繁茂的蔓叶系统。各茎节除发生腋芽以外，还发生卷须和花芽。苦瓜为双子叶植物，花单生，雌雄同株异花。苦瓜果实为浆果，表面有许多瘤状突起。果实的形状有纺锤形、短圆锥形、长圆锥形、棒形等。一般每个果实含有种子20～30粒，多的达50粒，平均千粒重为150～180克。苦瓜按果实形状和表面特征分为长圆锥形和短圆锥形两类。长圆锥形如广东滑身苦瓜、长身苦瓜和长江流域的白苦瓜，果长20～25 cm，横切面直径5～6 cm，浓绿色，一般果重0.2～0.3 kg，早熟，品质好。短圆锥形如广东大顶苦瓜，果长约20 cm，横切面直径约11 cm，顶端圆钝，青绿色，果重0.2～0.6 kg，适应性强，品质优良。另外，根据果实颜色深浅分为浓绿色、绿色和绿白色等，绿色和浓绿色品种苦味较浓，长江以南栽培较多；淡绿色或绿白色品种苦味较淡，长江以北栽培较多。

苦瓜要求较高的温度，耐热而不耐寒，但通过长期的栽培和选择，适应性较强，10～35℃均能适应。苦瓜开花结果的适宜温度为25℃左右，在14～25℃范围内，温度越高越有利于苦瓜植株的生长发育，结果早，产量高。苦瓜属于短日照作物，喜光不耐阴；开花结果期需要较强的光照，充足的光照有利于光合作用，多累积有机养分，提高坐果率，增加产量，提高品质。苦瓜喜湿而怕雨涝，在生长期间要求有70%～80%的空气相对湿度和土壤相对湿度。苦瓜对土壤的要求不太严格，适应性较广，南北各地均可栽培。一般在肥沃疏松、保土保肥力强的土壤中生长良好，产量高。苦瓜对肥料要求较高，需要及时追肥，特别在结果盛期要求有充足的氮磷肥。

苦瓜以嫩果和成熟果实供食用，嫩果果肉清脆，味稍苦而清甘可口，这种特殊的口感风味有刺激食欲的作用。苦瓜的营养丰富，抗坏血酸含量在瓜类中突出，为黄瓜的14倍、冬瓜的5倍，还含有无机盐、钙、磷、铁等物质。苦瓜不仅营养丰富，还有较高的药用价值。苦瓜的根、茎、叶、花、果实和种子均可药用，性寒味苦，入心、脾、胃，清暑涤热，明目解毒，还具有降低血糖的作用。苦瓜肉质脆嫩，苦味适中，清香可口，炒食、凉拌均可，是粤菜的重要食材。

（二）豇豆

豇豆是豆科豇豆属一年生缠绕、草质藤本或近直立草本植物。豇豆原产非洲热带地区，中国广泛栽培。豇豆根系发达，成株主根长80～100 cm，侧根可达80 cm，主要根群集中分布于地表15～18 cm的耕层内。但根部容易木栓化，侧根稀疏，再生能力弱，在育苗移栽时，需注意保护根系。根系上的根瘤稀少，不及其他豆类蔬菜发达。豇豆的茎有矮生、半蔓生和蔓生三种。矮生种茎蔓直立或半开放，花芽顶生，株高40～70 cm；蔓生种茎的顶端为叶芽，在适宜的条件下主茎不断伸长，可达3 m，侧枝旺盛，并能不断结荚，需设支架栽培；半蔓生种，茎蔓生长中等，一般高100～200 cm。无论蔓生种或半蔓生种，均为花序侧生，茎蔓呈左旋性。豇豆发芽时子叶出土，初生真叶2枚，单叶，对生，以后真叶为三出复叶。豇豆的花为蝶形花，总状花序，每花序有4～8枚花蕾，是比较严格的自花授粉作物。豇豆荚果线形，果荚颜色呈深绿色、淡绿色、紫红色或间有花斑彩纹等多种色泽。长荚种果长30～90 cm，短荚种只有10～30 cm。每荚含8～20粒种子。

豇豆对土壤适应性广，只要排水良好，土质疏松的田块均可栽植，豆荚柔嫩，结荚期要求肥水充足。蔓生豇豆在幼苗长到30 cm以上时需要及时搭建高度约2 m的架子，通常选用芦苇、细竹竿、细木条等。豇豆要求高温，耐热性强，生长适宜温度为20～25℃，在夏季35℃以上高温仍能正常结荚，也不落花，但不耐霜冻，在10℃以下较长时间低温时，生长受抑制。豇豆属于短日照作物，但作为蔬菜栽培的长豇豆多属于中光性，对日照要求不甚严格。豇豆的各个生长阶段对水量与养分的需求量不同，为了保证豇豆的总产量和质量，需要依据豇豆的生长特性及对养分和水分的需求制订有效的肥水管理方案，进而保证豇豆生产的效率和品质。

豇豆营养价值丰富，含蛋白质、脂肪、碳水化合物、粗纤维及钙、镁、铁等营养元素；其中以磷的含量最丰富，鲜嫩豆荚中还含有维生素C。豇豆的蛋白质含量高于西红柿2～3倍，糖类的含量高于黄瓜1倍，钙的含量高于南瓜4倍，维生素含量高于冬瓜4～6倍。豇豆提供了易于消化吸收的优质蛋白质，适量的碳水化合物及多种维生素、微量元素等，可补充机体的招牌营养素，调理消化系统，消除胸膈胀满。

（三）辣椒

辣椒是一年生或多年生草本植物，是一种人们广为熟知的蔬菜作物和调味品，适应性强，风味多样，营养丰富，含有多种维生素，深受消费者喜欢，可以鲜食也可以加工，具有重要的产业价值。辣椒起源于中南美洲热带及亚热带地区，是人类种植的古老的农作物之一。16世纪80年代初从日本传入我国。辣椒在我国各地均有种植，种植面积较大的省份包括贵州、湖南、江西、云南、广东、安徽等。"十三五"期间，我国辣椒种植面积已占全球38.7%，成为世界上辣椒种植面积最大的国家。

辣椒喜温，不同生长阶段对温度要求略有不同。辣椒种子发芽适宜温度为25～30℃，低于15℃则较难发芽。幼苗生长适宜温度为白天23～27℃，夜晚15～20℃，初花期适宜温度为20～25℃，温度高于35℃或低于15℃则难以授粉，易引起落花落果。辣椒怕涝且不耐旱，幼苗期需水量较少，初花期需水量逐渐增大，至果实膨大期则需要保障充足的水分，如水分供应不足，则容易引起产量和品质的下降。雨后要及时排水，否则影响根系呼吸。辣椒喜光而又耐弱光，发芽时种子需要黑暗条件，有光容易引起发芽不良；幼苗期需要良好的光照条件，开花结果期需要充足的光照，以促进花期生长发育，光照不足容易引起落花落果。辣椒对日照长短不敏感，在长光照或短光照下都能正常生长。辣椒对土壤质地要求不高，在黏土、壤土、沙壤土等土质上均能生长，但以透水透气性俱佳的沙壤土为宜。辣椒对土壤酸碱度较为敏感，适宜pH为5.6～6.8。

辣椒的生长周期包括发芽期、幼苗期、开花坐果期和结果期4个阶段。发芽期为从种子发芽到第1片真叶出现的时期，一般为10天左右。幼苗期为从第1片真叶出现到第1个花蕾出现的时期，一般需要50～60天。开花坐果期为第1朵花现蕾到第1朵花坐果的时期，一般10～15天。结果期为第1个辣椒坐果到收获末期这段时间，一般50～120天。辣椒未成熟时绿色，成熟后呈红色、橙色或紫红色，味辣。其维生素C含量丰富，维生素B、胡萝卜素及钙、铁等矿物质含量亦较丰富。辣椒具有缓解疼痛、健胃消食等功效。

（四）西瓜、甜瓜

西瓜和甜瓜均为葫芦科一年生草本植物，是我国重要的水果，在我国各地都有广泛栽培。西瓜品种甚多，根据外果皮、瓤色、熟期及果实大小等可以分为不同类型。例如：根据外果皮皮色分类有白皮类型、绿皮类型、花皮类型、黑皮类型和黄皮类型。根据瓤色可分为白瓤类型、红瓤类型和黄瓤类型。甜瓜可分为薄皮甜瓜和厚皮甜瓜两大类，一般为球形或长椭圆形，有纵沟纹或斑纹，果肉白色、橙色或绿色，芳香甘甜，有白色或淡黄的种子。无论是从种植面积还是从总产量来看，中国都是全球最大的西瓜和甜瓜生产国。我国许多地区具有适合西瓜和甜瓜生长发育的地理、气候和土壤条件，有五大西瓜、甜瓜优势区，分别为华南西瓜、甜瓜优势区，黄淮海西瓜、甜瓜优势区，长江流域西瓜、甜瓜优势区，西北西瓜、甜瓜优势区及东北西瓜、甜瓜优势区。其中华南西瓜、甜瓜优势区包括海南、福建、广东、广西等地区。这些地区冬春季相对干燥少雨，气候温和，非常适宜西瓜、甜瓜的生长，与其他地区的收获期不同，弥补市场空缺，具有较好的市场前景。

广西是华南地区最大的西瓜、甜瓜产地，西瓜栽培以露地栽培为主，育苗期使用大中棚作为防寒措施，幼苗移栽后采用地膜辅以小拱棚的双膜栽培模式，甜瓜栽培以大棚栽培和地膜+小拱棚模式为主。西瓜和甜瓜的播种时间一般在12月下旬至翌年1月上旬，于1

月下旬至2月进行定植，可于4月下旬至5月上旬上市。海南西瓜、甜瓜主要栽培模式为露地栽培和大棚栽培，大棚以竹木结构或热镀锌钢管结构为主。海南西瓜、甜瓜8—12月均可播种，根据播种时间不同，11月至翌年5月中旬均有上市。福建地区雨水较多，较为湿冷，西瓜、甜瓜栽培主要为露地栽培，设施栽培以毛竹大棚为主。西瓜播种时间一般为12月至翌年3月和8月上旬至9月上旬，对应上市时间为3—5月中旬或9月下旬至10月下旬。甜瓜栽培一般于12月至翌年3月和8月上旬至9月上旬播种，于3—5月中旬和9月下旬至10月下旬上市。广东西瓜、甜瓜栽培以露地栽培为主，冬季栽培使用地膜+小拱棚的双膜覆盖形式。春季多于1—3月播种，于4—6月收获上市；夏季于5—6月播种，于7—8月收获上市；秋季于9月上旬播种，11月下旬收获上市。

西瓜的根为主根系，根系入土较深，较耐干旱，但根系再生能力弱，不耐移植。茎为蔓生，倒蔓匍匐生长。叶为单叶互生，全叶被茸毛。花腋生，单花，雌雄异花同株，先开雄花，雌花、雄花间隔一定节位相间而生。果实高瓠果。种子大小因品种不同而异，因此其千粒重在20～80 g。西瓜是短日照喜温作物，极不耐寒，其生长发育过程要求高温、日照充足、空气干燥、昼夜温差较大的气候条件。西瓜对土壤的适应性较广，要求土壤的pH 5.0～7.0。棚瓜多选择黏性较大的水稻田，保肥保水能力好。西瓜忌连作，采用实生苗种植须选前茬未种植瓜类作物的水田；采用嫁接苗种植要求瓜地条件不严格，但坡地也不宜连续多年种植瓜类作物，水田应进行水旱轮作。西瓜苗期白天适宜温度为22～25℃，夜间为15℃以上，以促进缓苗。当夜间温度低于12℃，白天低于18℃时可盖膜保温。西瓜幼苗时期每天需要光照10～12小时，光照强度不应低于10 000 lx。如光照不足时需要及时补光，光照强烈时需要用遮阳网遮阴。定植后，白天适宜温度为25～32℃，夜间适宜温度为18～20℃。夏季应注意通风降温，增大昼夜温差。伸蔓期尽量降低棚内湿度，最好保持在50%～60%。开花后白天适宜温度

为25～28℃，夜间温度应保持15℃以上。棚内空气相对湿度可在50%～60%。膨瓜期白天棚内适宜温度为27～30℃，夜间棚温不低于15℃。高温季节应注意通风降温。经常清洁大棚薄膜，光照不足可以采用补光灯进行补光，光照过强则适当用遮阳网遮阴。

西瓜生长时期包括发芽期、幼苗期、伸蔓期和结果期。发芽期又称苗期，是种子吸水膨胀后萌芽破土子叶展平到第1片真叶露尖的时期，这一时期时间短，幼苗根系发育较快，地上部茎叶生长缓慢，干物质累积极少。幼苗期为第1片真叶露尖至第4片真叶展开的时期，历时约1个月。其生长中心是根系和叶片，叶片的光合产物运往地下，用于根系形成。从幼苗到坐瓜节位雌花开放，约需20天，此时期为伸蔓期。这一时期西瓜节间迅速伸长，叶面积增大，根系基本形成，生长中心由根系过渡到茎和叶，吸收能力增强，养分吸收量增加，雌花开放，逐渐进入生殖生长阶段。结果期为从坐瓜节位雌花开放到果实生理成熟的时期，生长中心是花、果实和种子的发育，是西瓜营养生长与生殖生长同时旺盛的时期。进入结果期4～5天后果实开始迅速膨大，根系停止生长，茎、叶则呈现先增长进入成熟期后有下降的趋势；生物量则呈现先缓慢增长随后快速累积进入成熟期后累积减慢甚至累积量下降的变化。

甜瓜对环境及气候条件要求严格，植株生长过程光照充足、热量大、空气湿度小、昼夜温差大，产量和质量才能得到保证。甜瓜喜温耐热，极不耐寒，遇霜即死。其生长适宜的温度范围，白天为26～32℃，夜间为15～20℃。甜瓜对低温反应敏感，白天18℃以下，夜间13℃以下时，植株发育迟缓，其生长的最低温度为15℃。苗期昼夜低温（5～15℃）或亚低温（10～20℃）降低了植株光合速率。甜瓜对高温的适应性较强，在30～35℃的范围内仍能正常生长结果，35℃以上高温影响甜瓜生长。甜瓜茎、叶的生长和果实发育均需要有一定的昼夜温差。昼夜温差对甜瓜果实发育、糖分的转化和累积等都有明显影响，昼夜温差大，植株干物质累积多，果实含糖量高；反之则干物质累积少，含糖量低。甜瓜喜光，生育期内在光照充足的条件下才能生育良好。光照不足，植株生长发育受到抑制，果实产量低、品质差。甜瓜的光饱和点为5.5万～6万lx，光补偿点一般在4 000 lx。光照不足时，幼苗易发生徒长，叶色发黄，生长不良；开花结果期光照不足，植株表现为营养不良、花小、子房小、易落花落果；果实发育期光照不足，则不利于果实膨大，且会导致果实着色不良、香气不足、含糖量下降等。甜瓜正常生长发育需10～12小时的日照，日照长短对甜瓜的生育影响很大。每天日照时数少于8小时，结实花节位高，开花延迟，数量减少。

甜瓜对湿度的要求包括空气湿度和土壤湿度两个方面，甜瓜生长发育过程中较适宜的空气相对湿度为50%～60%。在空气干燥的地区栽培甜瓜，果实甜度高，香味浓；在空气潮湿的地区栽培甜瓜，果实水分多，风味淡、品质差。空气湿度过高不仅对甜瓜的生长发育有不良影响，更易诱发各种病害。甜瓜在开花坐果前可适应较高的空气湿度，但坐果后对高湿环境的适应性减弱。大棚栽培甜瓜应采用地膜覆盖，有利于降低空气湿度，还应严格控制浇水次数和浇水量，浇水后及时通风散湿。甜瓜对土壤条件的要求不高，在沙土、黏土、沙壤土上均可种植，但以疏松、土层厚、土质肥沃、通气良好的沙壤土为最好。甜瓜对土壤酸碱度的要求不甚严格，但在pH 6.0～6.8条件下生长最好。

甜瓜的生长发育时期包括发芽期、幼苗期、伸蔓期、坐果期、膨果期和果实成熟期。发芽期为从播种到子叶平展真叶显露的时期，约10天。幼苗期是从子叶平展、真叶显露到第5片真叶出现的时期，需20～25天，这时期以叶片和根系生长为主。伸蔓期为从第5片真叶出现至第1朵雌花开放的时期，需20～25天，此阶段根、茎、叶生长旺盛。坐果期是指从第1朵雌花开放至幼果如鸡蛋般大小的时期，需8～10天，是植株由营养生长为主开始向生殖生长为主过渡的时期。膨果期为果实迅速膨大到停止膨大的时期，这一时期的长短因品种而异，一般需10～20天。此时植株生长以果实生长为主，是果实生长最快的阶段。果实成熟期是指果实停止膨大到成

熟的时期，一般需10～14天，这阶段植株根茎的生长趋于停止，果实体积增长较少，但重量仍有增加。

（五）番茄

番茄，又称西红柿，属茄科一年生或多年生草本植物。主要以成熟果实作为蔬菜或者水果食用，富含胡萝卜素、维生素C、维生素B及多种矿物元素。番茄原产南美洲秘鲁、厄瓜多尔等地，后传至墨西哥驯化为栽培种。现在世界范围内广泛栽培，据FAO（联合国粮食及农业组织）和农业农村部统计，2018年，我国番茄栽培面积110.9万hm^2（1 663.7万亩），产量6 483.2万t。设施番茄面积64.2万hm^2（963.7万亩）。我国番茄的栽培面积位居世界第二，且以鲜食性番茄为主。

我国番茄生产分布较广，采用日光温室、塑料棚和露地栽培等3种方式，一年四季均有栽培。按照栽培方式和收获季节划分，主要优势产区有黄淮海及环渤海设施生产区域、北部高纬度夏秋生产区域、长江流域早春生产区域、西南冬季生产区域和华南番茄生产区域。其中黄淮海及环渤海设施生产区域是我国日光温室和大棚番茄生产最集中的区域，日光温室番茄面积占全国日光温室番茄总面积的60%，大棚番茄面积占全国大棚番茄总面积的37%。该区域的番茄总产量占全国番茄总产量的40%以上。北部高纬度夏秋生产区域是我国夏秋季节番茄主产区，生产面积占这个季节番茄生产面积的30%以上，总产量占全国番茄总产量的17%。主要栽培方式为塑料大棚和露地，重点是发展早春番茄。华南地区番茄以露地栽培为主，广西桂林、广东珠江三角洲等地以栽培大红番茄为主，广西百色、海南陵水与广东茂名等地以露地或避雨种植樱桃番茄为主。近两年，海南的樱桃番茄受连作障碍和品种抗性的影响，种植面积逐年减少，而广东茂名、湛江、阳江的樱桃番茄产业蓬勃发展。

番茄喜温，但不耐热，番茄适宜温度为白天20～28℃，夜间

15～18℃，温度过高或过低会抑制番茄的生长。研究表明，当气温高达33℃或低于10℃时，番茄的生长会受到影响，当气温高于40℃或低于5℃时，番茄将会停止生长。番茄喜光，但要防止阳光暴晒。光照不足，容易造成植株徒长，营养不良，花芽分化延迟，开花数量减少，落花落果及各种生理性障碍。番茄对土壤的适应性较强，但以排水良好、富含有机质、土层深厚的沙壤土或壤土为宜。番茄喜微酸至酸性，适宜的pH为6.0～7.0。番茄需水量大，但不耐涝，生长发育期要求土壤相对湿度为65%～85%，湿度过高或过低都会影响植株生长发育。如湿度过大容易诱发病害，易落花落果。

番茄的生长发育周期包括发芽期、幼苗期、开花期和结果期。番茄的发芽期（种子发育至第1片真叶出现）为10～14天，幼苗期（第1片真叶出现至花蕾出现）为45～50天，开花期（花芽分化至开花）约30天，结果期（第1花序结果至果实采收结束）一般为70～100天。番茄中富含胡萝卜素和各种维生素，如维生素B_1、维生素B_2、烟酸、维生素C，还含有钙、磷、铁等多种矿物质。番茄中含有大量维生素C，具有美白、养颜、祛斑的功效，还可以提高机体免疫力，增强体质。番茄中含有番茄红素，番茄红素有着很强的抗氧化、抗癌作用，颜色越深的番茄，番茄红素越多。番茄含有果酸，可以降低血液中的胆固醇，对治疗高脂血症有益。番茄具有生津止渴、健脾胃、促进消化的功效，同时还可以清热解毒。

（六）叶菜类

叶用蔬菜简称叶菜，指以叶片、叶柄为食用部分的蔬菜，主要分为绿叶蔬菜（青菜、生菜、菠菜等）和结球叶菜（大白菜、结球莴苣、甘蓝等）两大类，是我国种植面积最广、品种最多、消费量最大的一类蔬菜。叶菜富含丰富的维生素、无机盐、碳水化合物、蛋白质和脂肪，是人们生活中必不可少的营养源之一。

我国是世界蔬菜第一生产大国，据统计，2020年我国蔬菜种植面积达0.21万hm^2。与其他地区不同，我国热带地区冬春季光热资

源充沛，是叶类蔬菜生产的正常季节，夏秋季高温多雨，为叶类蔬菜的生产淡季。

菜心、小白菜、芥蓝等为十字花科一年生草本植物，由于受冬春季低温春化作用的影响，针对品种的冬性强弱不同，不同种植季节应选择不同品种种植，如夏秋季气温高时，可选择种植耐高温品种；当冬春季低温时，可选择种植耐低温品种。若品种选择不当，则会影响生长从而影响品质和产量。叶菜类蔬菜种类繁多，大部分以鲜嫩的茎或叶供用，一般生长期短，植株较小，根系较浅，生长迅速，养分、水分消耗量较大，所以必须保证充足的肥水供应。

三、油料类作物

（一）椰子

椰子是棕榈科椰子属单子叶多年生常绿乔木，是热带地区主要木本油料作物之一。椰子经济寿命40～80年，自然寿命70～80年。植株各部分可利用，但主要是从椰肉中榨取椰油。由于其用途众多，经济价值高，近年来，随着椰子产业的开发和产业链的延伸，对椰子的利用已拓展到旅游方面。椰果主要加工成椰干。椰干出油率65%～75%，椰油含饱和脂肪酸91%、不饱和脂肪酸9%，消化系数高达99.3%，比花生油、菜籽油、奶油、牛油都更易消化吸收。欧美诸国主要用以制造人造奶油，热带产椰子国家主作食用油。椰油具有高皂化值（248～264），具有良好发泡性能，适于制造高级香皂和海上用的特种洗涤剂，还可制化妆品、牙膏。椰肉可制成椰丝、椰蓉、椰子蛋白、椰子奶粉、椰汁饮料等。椰衣纤维、椰壳、椰木、椰麸、椰花汁、椰根等均有利用价值。

椰子为自然杂交，有很多变异类型，分类比较复杂，一般分为三种类型：高种椰子，植株高15～30 m，基部膨大，异株授粉，植后7～8年开始结果，单株产量高，椰肉质量好，含油率高；此外，还有矮种和中间类型的椰子。

多数学者认为椰子起源于东方，现分布范围为南北纬23°26′（即回归线）之间，主要产区为菲律宾、印度、印度尼西亚等。我国椰子的主产区在海南，台湾、云南、广东等地也有零星分布。

（二）油棕

油棕是棕榈科油棕属单子叶多年生常绿乔木。油棕种植后第3年开始结果，6～7龄进入旺产期，经济寿命20～25年，自然寿命100年以上。在高温多雨的东南亚地区，全年开花结实，每公顷可产油4～6 L。单以棕油产量计，它比椰子高2～3倍，比花生高5倍，比大豆高7～8倍，因此被称为"世界油王"。此外，油棕的核仁、核壳、叶片、叶柄、棕衣等副产品在化工、食品、饲料、造纸等工业上也有很高的利用价值。

油棕原产非洲，也称非洲油棕，自然分布于北纬13°至南纬12°，热带雨林到热带草原的过渡地带，即刚果（金）、刚果（布）、尼日利亚、贝宁、科特迪瓦、加纳、喀麦隆等。油棕于1848年引入印度尼西亚作为一种观赏植物，1911年开始作为油料作物栽培，目前主要栽培的国家有马来西亚、印度尼西亚、刚果（金）、科特迪瓦、尼日利亚和哥伦比亚等。中国于1926年开始由东南亚引入海南，1960年开始正式栽培，目前在海南南部有少量种植，因气候条件不适宜，难形成规模生产。

（三）油茶

油茶是山茶科山茶属常绿乔木或灌木。油茶的种子含油率达25.22%～33.50%，单位面积产量约400 kg/hm^2。茶油为不干性油，色清味香，耐贮藏，为高级食用油。除供食用、烹调罐头食品、制造奶油外，还可作为机械润滑油、铁器防锈油、印泥油、肥皂、蜡烛等的原料和医药用。茶籽饼可作土农药原料，防治地下

害虫、杀死血吸虫的中间寄主钉螺，木材、果壳、种壳均有利用价值。

油茶产量高、寿命长、适应性强，对土壤条件要求不严苛，宜于丘陵和山区发展，不与粮棉争地。种植后4～5年开花结果，15～16龄进入盛产期，经济寿命长70～80年。它的果实不易为鸟兽为害，收获有保证。此外，油茶花期长，为良好的蜜源植物。本属植物有100多种，多数产于我国南部。依花的色泽可分为白花和红花（紫花）两大类。栽培种以白花为主。油茶原产我国，作为木本油料作物栽培已有500余年的历史，现已分布于日本、越南、缅甸、印度、印度尼西亚、菲律宾、马来西亚等。我国江西、湖南、湖北、浙江、安徽、福建、广东、海南、广西、云南等均有栽培，其范围大致是北纬18°21′～34°34′、东经98°41′～122°40′。油茶按其成熟期不同，分为三个基本群体品种，即寒露籽、霜降籽、立冬籽。除上述品种群体外，作为同一属的栽培种还有越南油茶、广宁油茶、攸县油茶、红花油茶、西南山茶、腾冲红花油茶。

四、粮食类作物

（一）水稻

水稻是禾本科稻属植物，作为我国三大主要粮食作物之一，也是单位面积产量最高的粮食作物。稻米作为我国主要口粮，约有60%的人口食用。水稻又称为亚洲型栽培稻，为一年生禾本科植物，单子叶，性喜温湿，成熟时约有1 m高，叶子细长，长50～100 cm，宽2～2.5 cm。稻米的花非常小，开花时，主要花枝会呈现拱形，在枝头往下30～50 cm处都会开小花，大部分自花授粉并结种子，称为稻穗。一般稻穗的大小在5～12 mm长，2～3 mm厚度。

水稻原产中国和印度，根据FAO水稻生产资料统计，2020年全球水稻种植面积为1.64亿hm²，单位面积产量为4.61 t/hm²，总产量达到7.57亿t。我国作为全球主要的水稻生产国之一，种植面积为0.30亿hm²，约占全球的18.3%，仅次于印度，总产量占全球的27.9%，位居全球第一。我国水稻主产区包括长江流域、珠江流域和东北地区。我国华南稻作区位于南岭以南，包括福建、广东、广西和四川的南部及台湾、海南和南海诸岛，水稻种植面积约占全国的17.6%。其中福建、广东、广西、台湾平原丘陵双季稻亚区实行以双季稻为主的一年多熟制，种植品种以籼稻为主；滇南河谷盆地单季稻亚区以种植一季稻为主，种植品种包括籼稻和粳稻；琼雷台地平原双季稻多熟亚区多为三熟制，以种植籼稻为主。

水稻喜高温、多湿、短日照，对土壤要求不严，但以水稻土最好。幼苗发芽最低温度10～12℃，适宜温度为28～32℃。分蘖期适宜日均温度20℃以上，穗分化适宜温度30℃左右，低温使枝梗和颖花分化延长。抽穗适宜温度25～35℃。开花适宜温度30℃左右，低于20℃或高于40℃，授粉受严重影响。相对湿度50%～90%为宜。稻穗分化至灌浆盛期是结实关键期；营养状况平衡和高光效的群体，对提高结实率和粒重意义重大。抽穗结实期需大量水分和矿质营养，同时需增强根系活力和延长茎叶功能期。水稻的生长发育阶段指水稻种子萌发到种子成熟，可分为幼苗期、分蘖期、幼穗形成期和结实期。幼苗期一般指种子萌发到3叶期这个阶段。浸种、发芽的适宜温度为30～32℃，最高为40～42℃，育秧阶段温度不能低于5℃，温度过低易出现烂种、烂秧苗。分蘖期是指从分蘖开始发生到停止的时期。分蘖期适宜温度为30～32℃，温度高于40℃或低于15℃，将影响水稻分蘖。分蘖期对水最敏感，应采用湿润加浅水层管理。幼穗形成期为幼穗分化开始到抽穗前的时期，在幼穗分化时光照越充足，对幼穗分化发育越有利，光照不足，会造成谷粒容积减少，引起千粒重下降。结实期指从抽穗开始至成熟的时期，高温会破坏水稻受精过程，尤其对处于尚未开花或虽开花但子房体尚未伸长的颖花，伤害严重。在生产上要预防水稻花期的高温危害。

（二）木薯

木薯又称南洋薯、木番薯，为大戟科木薯属多年生植物，但在生产上多为一年生栽培。木薯的块根在粮食、饲料、淀粉和酒精生产等方面均占重要地位。木薯的主要产品为木薯的块根。木薯为热带和亚热带地区重要的粮食和饲料作物，与马铃薯和甘薯并称为世界三大薯类作物。木薯原产巴西，据FAO统计，共有102个国家和地区种植木薯，其中非洲种植面积最大，亚洲次之，美洲第三。由于近年来木薯种植效益大幅度下降，我国木薯种植面积不断缩减，目前我国木薯种植主要在广西、广东、海南等传统热带木薯种植地区和云南、福建、江西、湖南等热带北缘地区。

木薯喜高温忌寒冷，要求年平均温度为18℃以上，且具有8个月以上的无霜期。其苗期适宜生长温度为25～29℃，块根膨大期以22～25℃为宜，开花期适宜温度为21～31℃。温度低于10℃，木薯将停止生长。木薯喜光，不耐荫蔽，光照不足容易引起叶片脱落，造成品质低劣。木薯属于短日照热带作物，日照时长宜在10～12小时。木薯耐贫瘠，对土壤条件要求不高，适应性极强，只要不过于贫瘠、石砾不过多、不过于漏水积水的土壤均可种植。但以pH为4.5～7.0，排水良好，土层深厚、质地疏松，有机质和钾含量丰富，肥料中等以上的沙壤土为宜。

木薯的生长发育阶段包括幼苗期、块根形成期、块根膨大期和块根成熟期。木薯种植后60天为木薯的幼苗期，温度高于21℃时，木薯种植7～10天后可出芽，温度低于15℃，出芽时间将延长至半个月以上。块根形成期为种植后60～100天。块根膨大期为块根形成后至收获前的生长时期，为种植后70～300天，这个阶段，木薯的块根重量及淀粉含量不断提高。木薯的块根成熟期为农艺上的成熟期，即其块根产量和淀粉含量临近最高值时的稳定时期。我国早熟木薯品种一般种植6～8个月收获，中熟品种种植9个月左右收获，晚熟品种为种植10个月后收获。由于鲜薯易腐烂变质，一般在收获后应尽快加工成淀粉、干片、干薯粒等。鲜木薯块根含淀粉25%～35%，木薯粉品质优良，可供食用，或工业上制作酒精、果糖、葡萄糖等。木薯产品用途和涉及领域广泛，用木薯为原料制成的燃料乙醇，被称为可替代汽油的环保型"绿色汽油"，是经济可行的生物质能源之一。

（三）鲜食玉米

鲜食玉米又称蔬菜玉米，是在乳熟期采收，并像水果、蔬菜一样食用其鲜嫩果穗的一类特用玉米，主要包括甜玉米和糯玉米。鲜食玉米因其具有营养价值高、口感好、附加值高、效益好、低脂高纤维等综合优点而深受消费者青睐。近年来，鲜食玉米成为我国种植业结构调整，贯彻落实科技帮扶、乡村振兴战略的首选作物，成为拉动地方经济的新增长点。甜玉米起源于美洲大陆，而糯玉米起源于中国。据统计我国鲜食玉米种植面积已突破134万hm²，是全球第一大鲜食玉米生产国和消费国。"十三五"以来，随着我国新一轮种植结构调整，催生了南方如云南、广西、四川等我国鲜食玉米种植大省。

我国热区热量资源充足，受降水、温度等条件的影响，不同地区鲜食玉米的播种时期也略有不同，海南全年均可种植，10月至翌年3月最适宜种植。广东北部地区春夏秋季可种植，春季2—4月播种，夏季5—6月播种，秋季7—9月播种，广东中部和南部四季均可种植，冬季10月中旬至11月下旬均可播种。福建、贵州、广西等地区一般在春夏秋季种植鲜食玉米。鲜食玉米喜高温，不同时期对温度的要求略有差别，种子发芽适宜温度为25～30℃，拔节期要求日均温度高于18℃，从抽雄到开花要求日均温度26～27℃。鲜食玉米属于短日照作物，要求较强的光照，光饱和点要求10万lx以上，光补偿点为500～1 500 lx，短日照可促进生长发育，缩短生育期。鲜食玉米需水量较多，不同生育时期对水分的需求不同，苗期耐旱怕涝，中后期耐涝怕旱。鲜食玉米根系发达，适应性强，对土壤要求

不高，在沙壤土、黏壤土等各种质地的土壤上均能种植，适宜的土壤pH为5.0～8.0，以pH为6.5～7.0较佳。

从生物学角度（主要依据籽粒形态和成分），玉米可分为马齿型、硬粒型、半马齿型、粉质型、甜质型、甜粉型、爆裂型、蜡质型和有稃型等9种类型。甜玉米就是其中的甜质型玉米，糯玉米是蜡质型玉米，二者均是玉米大家族的重要成员。从收获物和用途上划分，玉米可分为籽粒用玉米、青贮玉米、鲜食玉米三大类型。鲜食玉米的生育期主要包括播种期、出苗期、3叶期、拔节期、小喇叭口期、大喇叭口期、抽雄散粉期、吐丝期、籽粒建成期和采收期。播种期为播种当天的日期；出苗期为第1片真叶开始展开或幼苗出土2～3 cm的时期；3叶期指第3片叶露出叶心2～3 cm的时期；拔节期是雄穗生长锥伸长，茎节总长2～3 cm的时期；小喇叭口期为雄穗处于小花分化期，一般处于8～10叶开展期；大喇叭口期是指雌穗开始小花分化，棒三叶甩出但未展开，新叶丛生，一般处于11～13叶展开的时期；抽雄散粉期指植物雄穗尖端露出顶叶3～5 cm的时期，一般抽雄后2～3天开始散粉；吐丝期指雌穗的花丝从苞叶中伸出3 cm左右的时期；籽粒建成期指自受精期12～16天，籽粒呈胶囊状，胚乳呈清浆状的时期；采收期，甜玉米在吐丝后18～24天，糯玉米在吐丝后20～26天。

五、其他类作物

（一）橡胶

天然橡胶是橡胶中的一类，是从产胶的作物上采集的树胶经过过滤、凝固制成，是可再生且无污染的自然资源。它有别于目前以石油为原料，由人工用化学方法合成的"人造橡胶"，或称"合成橡胶"。研究发现，含有橡胶的植物有2 000余种。但著名的是大戟科里的产胶作物——巴西橡胶树。这种树也称三叶橡胶，为热带雨林的高大乔木。天然橡胶是一种重要的工业原料。20世纪50年代以来，国内橡胶产业蓬勃发展，橡胶林种植面积越来越大。我国是世界橡胶的主要生产国之一，橡胶主要产区在海南、广东、云南等。橡胶树每年都随着季节的变化而有序地进行萌芽、分枝、开花、结果、落叶等生命活动。这种年复一年受气候条件影响的年周期变化称为橡胶树物候期。橡胶树的年周期变化有两个明显的时期，即生长期和相对休眠期。生长期自春季萌芽开始至冬季落叶时止，相对休眠期自冬季落叶起至翌年春季萌芽时止。橡胶树不同部位一年中的变化也不同。橡胶树根系在4—10月生长较快，其中5月、7月、8月生长最快，11月至翌年3月生长缓慢，仅占一年中根系生长量的37%。在30 cm深的土层中，24~29℃、含水量15%~23%、疏松透气、肥沃的土壤中根系生长快。橡胶每蓬叶从萌芽到叶片完全老化依次经过顶芽萌动、伸长、展叶（古铜色）、变色（淡绿色）和稳定五个阶段。展叶和变色阶段由于组织幼嫩，角质层尚未形成，易感染白粉病和炭疽病。橡胶树种植后3~4年即可开花，一年开花两次，3—4月开第1次花，为主花期；5—7月开第2次花。开花后30天左右形成小果，120~150天果实成熟。在海南，每年2月上旬到3月上旬，橡胶树抽发新芽。春夏秋季均有换叶，一般12月到翌年1月底为落叶期。橡胶树的产胶量受自然因素影响很大，雨季、叶片老化、土壤肥沃、土肥病管理好，产量均较高。

橡胶是热带作物，生长适宜温度是20~30℃，26~27℃生长旺盛。当月均温度低于18℃时橡胶树生长减慢，低于15℃时生长基本停止，温度低于0℃时，橡胶树严重受害，甚至死亡。年降水量为1 500~2 000 mm且分布均匀，空气湿度在80%以上对橡胶树生长有利，产胶量多。年平均风速在1 m/s左右时，能促进橡胶树的蒸腾作用，使土壤中的无机养分较快地被橡胶树吸收入体内，加快代谢作用，并可使雨后树皮很快干燥，减少割皮病害。橡胶树对土壤的适应性比较广，黄壤、红壤、壤土、沙壤土都适宜橡胶生长。但

是，橡胶是主根植物，要想橡胶生长良好、产量高，对土壤还是有一定的要求的。土层深度达1 m以上，土壤有机质丰富，湿润不积水，pH 5.0～6.0，很适宜橡胶生长，产量高。

从生产经营角度来分，橡胶一生可以分为苗期、幼树期、初产期、旺产期和衰老期。从种子发芽到开始分枝的这段时间为苗期（1.5～2年），该时期主要特点是易受外界条件的影响，前期生长缓慢，后期生长较快，向上生长特别旺盛。从开始分枝到开割前的这段时间为幼树期（4～5年），这时根系的生长、树冠的形成和茎粗增大都很快。从开割到割完开割高度内的原生干的这段时间为初产期（8～10年），产量逐年上升，开花结果增多，自然疏枝随自然郁闭度的增加而增加。从割完开割高度原生干起到产量明显下降时止的这段时间为旺产期（15～20年），也就是从种植后14～16年起至种植后30年左右，这个时期茎粗生长缓慢，抽叶减少，自然疏枝普遍发生，树冠郁闭度减少。此时开始在再生皮上割胶，产量有所增加。从开始降产到更新期的这段时间为衰老期。约30龄后开始为降产期，这时期橡胶树高度、茎粗生长相当缓慢，树皮再生能力差。在树干下部再生皮上割胶产量明显下降，但树干大，分枝粗，可以在树干上部或粗大的分枝上割胶，或者在更新前3年采取强割。

（二）槟榔

槟榔是棕榈科多年生常绿乔木，原产马来西亚，我国以槟榔入药的中药有200多种，2015年版《中华人民共和国药典》中含槟榔的中成药有51个。槟榔果主要含有生物碱、黄酮、鞣质、脂肪酸、萜类和甾体等多种化学成分，具有杀虫、消积、行气、利水、化痰、疗疟等功效，位居中国四大南药之首。未熟果实叫枣儿槟榔，多用作咀嚼料。目前槟榔种植主要分布于中非和东南亚，如印度、巴基斯坦、斯里兰卡、巴布亚新几内亚、印度尼西亚、菲律宾、缅甸、泰国、越南、柬埔寨等。我国引种栽培已有1 500年的历史，海南、台湾栽培较多，广西、云南、福建等也有栽培。

槟榔茎笔直，乔木状，圆柱形不分枝，茎干有明显的环状叶痕。幼龄树干呈绿色，随树龄的增长逐渐变为灰白色。叶簇生于茎顶，羽状复叶，长1.3～2 m；小叶长披针形，表面平滑无毛。叶柄三棱形，环包茎干。花单性，雌雄同株；花序多分枝，肉穗花序，佛焰苞黄绿色。果实为坚果，卵圆形；种子1粒，圆锥形。

槟榔属温湿热型阳性植物，喜高温、雨量充沛湿润的气候环境。常见散生于低山谷底、岭脚、坡麓和平原溪边热带季雨林次生林间，也有成片生长于富含腐殖质的沟谷、山坎、疏林内及微酸性至中性的沙质壤土荒山旷野。槟榔适宜生长温度为20～25℃，一般在海拔低的地区生长较好。槟榔喜湿而忌积水，雨量充沛且分布均匀则对生长有利。一般年降水量在1 200 mm以上的地区都能生长。空气相对湿度80%左右且长期稳定对生长有利。一般幼苗期荫蔽度宜为50%～60%，至成龄树应全光照。槟榔经济生命长短，土壤是关键。槟榔喜生于土层厚、表土黑色、有机质丰富的沙壤土，底土为红壤或黄壤更为理想。槟榔一般定植后7～8年开花结果，20～30年为盛果期，寿命有100年以上。果实采收后种子有果肉后熟的特性。黄色成熟果实发芽率64.3%。果实失水即降低发芽率。在室内催芽，日均温度26.41℃，日均温度变化平均差1.8℃，发芽率98%。

（三）咖啡

咖啡是茜草科咖啡属常绿灌木或小乔木，与可可、茶被称为世界三大饮料作物。咖啡除作饮料外，还可提取咖啡因作麻醉剂、利尿剂、兴奋剂和强心剂，外果皮和果肉可制酒精。野生的咖啡树为5～10 m，但庄园里的咖啡树高通常控制在2 m以下，以增加果实产量并便于收获。咖啡树为对生叶，叶片为椭圆形，叶面光滑，末端枝条长而少，叶柄与枝条交界处开放白色花。咖啡树在世界各地广泛种植，原产非洲北部和中部的热带和亚热带地区，适应生长在高

海拔、火山或石灰岩或花岗岩土壤、昼夜温差大、干湿季节明显、土壤肥沃的地区。中国咖啡豆产区目前主要分布于云南、海南、四川、台湾等。云南种植地为德宏、普洱、保山、临沧、西双版纳、文山、红河、怒江等地区。海南种植地为澄迈、万宁等地区。

目前世界上供商业栽培的咖啡有2个种，即：①小粒种，又称阿拉伯种，原产非洲埃塞俄比亚。常绿灌木，高4～5 m，叶片小而尖，两性花，自花授粉。较耐寒、耐旱，但易感染叶锈病和遭天牛危害。产品气味香醇，饮用质量好。②中粒种，又称罗巴斯塔种、甘弗拉种，原产非洲刚果热带雨林区。株高6～8 m，花两性，同株一般自花不育。以抗叶锈病著称，但要较高热量条件，耐寒力、抗旱力比小粒种差。其咖啡因的含量高于小粒种咖啡，风味也较差。由于其可溶物含量高于小粒种，适于制造速溶咖啡。此外，尚有利比里亚种，又称大粒种，原产利比里亚，产品气味浓烈，刺激性强；埃塞尔萨种又称查利咖啡，原产西非查利河流域，抗锈病且耐旱，产品味香而浓，稍带苦味。咖啡种植有2 000多年的栽培历史，面积和产量以小粒种为主，占80%，中粒种占20%。

（四）澳洲坚果

澳洲坚果是山龙眼科澳洲坚果属常绿乔木，又称昆士兰栗、澳洲胡桃。澳洲坚果原产澳大利亚东部，素有"干果之王"的誉称。澳洲坚果栽后6年开花结果，经济寿命近50年。我国在20世纪60年代就已经引种栽培。近年来，我国南方地区开始大力发展。目前，主要分布于云南、广东、广西、福建、四川、重庆及贵州均有种植。澳洲坚果根系分布浅，抗风能力弱，适生气温10～30℃，适宜气温15～30℃，低于10℃或超过30℃对坚果生长不利。在年降水量为1 000～2 000 mm的地区种植生长，结果较好；在年降水量为1 000 mm以下或干旱地区种植生长慢，果实变小，发育不良，落果严重。

澳洲坚果含多种脂肪酸，其中不饱和脂肪酸占总脂肪酸的

84%。澳洲坚果在降低人体血液中的胆固醇含量方面有一定功效。澳洲坚果含油量很高，因而其发热量也很高，尤其是多为不饱和脂肪酸，容易被人体吸收消化，有益健康，是理想的木本粮油。澳洲坚果还是一种营养丰富、香脆可口的食用坚果，食用部分为种仁，可生吃，烤制后酥脆，口感细腻，带有奶油清香，风味极佳。种仁内的蛋白质共含有17种氨基酸，其中10种是人体内不能合成而必须由食物供给的氨基酸。

（五）甘蔗

甘蔗是甘蔗属的总称，为禾本科多年生高大实心草本，原产印度，现广泛种植于热带及亚热带地区。全球100多个国家出产甘蔗，主要甘蔗生产国是巴西、印度和中国。种植面积较大的国家还有古巴、泰国、墨西哥、澳大利亚、美国等。中国蔗区主要分布于广西（产量占全国60%）、云南、广东、台湾、福建、四川、江西、贵州、湖南、浙江、湖北等。

甘蔗属有9个种，甘蔗中含有丰富的糖分、水分，还含有对人体新陈代谢非常有益的各种维生素、脂肪、蛋白质、有机酸、钙、铁等物质。甘蔗主要用于制糖，也可提炼乙醇作为能源替代品。甘蔗是温带和热带农作物，与栽培和育种关系密切的有5个种：中国种、热带种、印度种、割手密野生种、大茎野生种。适合栽种于土壤肥沃、阳光充足、冬夏季温差大的地方。甘蔗为喜温、喜光作物，根状茎粗壮发达，秆高3～5 m，需年积温5 500～8 500℃，无霜期330天以上，年均空气湿度60%，年降水量800～1 200 mm，日照时数在1 195小时以上。甘蔗生长期长，植株高大，产量高。所以在整个生长期中，施肥量的多少是决定产量高低的主要因素之一。

第三章　作物营养与施肥原理

一、作物所需营养元素

　　绿色植物能从外界吸取养分，并用于维持自身生命活动，即称为营养。植物体生长和代谢所需的化学元素称为营养元素。一株新鲜植物体的含水量占70%～95%。植物灼烧后，可获得干物质。其中，有机化合物占了干物质组成的95%，而余下的5%为无机化合物。干物质在燃烧过程中，有机化合物会以水蒸气、二氧化碳等的形式分解逸出，剩下的植物灰分就是无机化合物。

　　早在20世纪六七十年代，科学家们就用化学方法测定得知，植物灰分中含有至少几十种化学元素。然而，经生物试验证实，植物体内所含养分并非完全为作物生长必需营养元素，还包含非必需营养元素，甚至可能是对作物生长有毒的元素。因此判断某种化学元素是否为作物的必需元素，主要依据以下3条标准：①不可缺少性，缺乏该种元素作物生长发育明显受到抑制，不能完成完整的生命周期；②不可替代性，缺乏该元素所造成的作物元素缺乏症状只能通过加入该元素的方法恢复，加入其他任何元素均不能替代该元素的作用；③直接功能，该元素对作物生长发育的影响是由该元素的直接作用造成的，该元素起到直接营养作用，而并非改善环境的间接作用。符合上述3条标准的元素则为作物必需营养元素。但是在植物体中，除了必需营养元素外，目前还发现某些非必需营养元素，这些营养元素对作物生长发育有益或是某些特定作物所必需，一般称为有益元素，比如甜菜需要钠，豆科作物需要钴，水稻等禾本科作物需要硅等。

目前，已知的植物必需营养元素有17种，但是各营养元素在植物体内的含量相差较大。根据它们在植物体中养分含量的多少可划分为大量营养元素、中量营养元素和微量营养元素。大量营养元素的平均含量占干物质的0.5%以上，包括碳（C）、氢（H）、氧（O）、氮（N）、磷（P）、钾（K）；中量营养元素的平均含量占干物质的0.1%～0.5%，包括钙（Ca）、镁（Mg）、硫（S）；微量营养元素的平均含量占干物质的0.1%以下，其中包括铁（Fe）、锰（Mn）、锌（Zn）、铜（Cu）、硼（B）、钼（Mo）、氯（Cl）和镍（Ni）。植物必需营养元素的含量可能受到作物种类、株龄等因素的影响，但是它们对于维持作物生长和促进作物新陈代谢有着同等不可或缺的作用。因此，了解不同营养元素对作物生长的生理作用，对指导农业生产和科学施肥起着至关重要的作用。

碳、氢、氧作为自然界常见的3种元素，其来源和分布相当广。其中碳主要来源于空气中的二氧化碳，氢和氧可来自空气或水。它们积极地参与作物体内的代谢活动，以CO_2和H_2O的形式参与光合作用和有机化合物的合成，在植物体中有着十分重要的作用。但是，由于植物体能够很轻易地从自然界中获取以上3种元素用于自身生长发育，因此，一般不考虑氢和氧的施肥问题。在农业生产中，也常用在大棚中增加CO_2浓度的方法提高作物的光合效率，从而达到增产增收的目的。除以上3种元素外，其余的必需营养元素几乎均来自土壤。但是，由于土壤中矿质元素的含量较为匮乏，土壤中原本的养分含量难以满足作物生长的需求，因此需要通过施肥的方式，补充土壤中的养分，以此保证农业生产。

（一）大量元素

氮：作为大量元素之首，氮在维持植物生长发育，提高作物产量和改善作物品质方面均有不可或缺的作用，被称为"生命元素"。首先，氮是许多化合物的重要组分元素，如植物体内的蛋白

质、核酸、植物激素、维生素等的合成都离不开氮。许多酶的本质就是蛋白质，缺氮会导致酶合成途径受阻，无法催化各类生化反应，影响植物体的代谢功能。此外，氮有利于促进叶片叶绿素合成，改善植物体的光合作用，缺氮会导致叶绿素合成受阻，新叶无法正常展开，叶片黄化。由于植物体对氮素缺乏较为敏感，当植物缺氮时，老叶上的氮素能较快转移到新叶，因此，缺氮症状首先表现在老叶上。

磷：磷在植物体内的含量差异较大，在植物体中占干物质含量的0.2%～1.1%，其中大部分以有机磷的形式存在，如植酸磷、磷脂、磷酸肌醇等，只有约15%的磷以无机形式存在。磷也是植物体内许多重要大分子化合物的结构组分元素，它的作用是作为桥键物，把各种结构单元连接到更复杂的结构上。此外，磷本身也作为许多大分子物质的组分元素，如核酸、核苷酸、三磷酸腺苷（ATP）等，缺磷会导致植物体内的代谢过程受到严重抑制。ATP就是含有高能磷酸键的高能磷酸化合物，其中一个磷酸基团的水解断裂会产生大量的能量，该能量用于供给细胞内的其他生化反应。除了上述功能之外，磷还具有提高作物的抗逆性和适应外界环境条件的能力。增施磷肥，对于提高作物抗旱、抗寒能力或促进作物加快完成生育周期等均有积极作用和意义。

钾：作为肥料三要素之一的元素，很多植物对于钾的需求量都很大。但是，当前在我国南方一些地区，普遍存在土壤钾含量低、供钾能力不足等问题；在施肥观念上，重氮磷，轻钾肥，使得钾元素成为制约作物产量和品质的关键性因素。一般植物体内含钾量占干物质的0.3%～5%，一般来说，谷类作物、薯类作物的含钾量相对较高。钾被称为"品质元素"和"抗逆元素"，它对作物品质、产量，以及作物对不良环境的抵抗能力均有较大影响。第一，钾元素能促进光合作用，提高植物中二氧化碳的同化率和促进碳水化合物的运输。第二，钾元素能改善叶绿体的结构，促进叶绿素的形成。缺钾会导致光合电子传递链中断，片层松弛甚至解体。第三，钾是植物体内某些酶蛋白的活化剂，促进蛋白质的形成。当植物体供钾不足时，蛋白质合成量减少，酶活性大大减弱，氮元素代谢受到严重影响。此外，钾还具有调节细胞渗透压、促进有机酸代谢等功能。同样，钾在帮助植物体抵抗外界不良环境方面的效果十分突出，钾能增强作物抗倒伏、抗旱、抗寒、抗高温、抗病虫害、抗盐害等能力，提高农产品的质量和品质。一般来说，薯类作物、糖类作物和油料作物对钾的需求量较大，而禾本科作物对钾肥不够敏感，因此，钾肥应多施用在需钾量高的作物上。

（二）中量元素

除了氮、磷、钾等大量元素外，钙、镁、硫等中量元素对植物的生长也是不可或缺的，植物对它们的需求量介于大量元素和微量元素之间。南方土壤多以酸性的红壤为主，高温多雨的环境一方面导致酸离子、铝离子和氢离子的毒害，另一方面导致磷酸根离子的无效化固定和大量的盐基离子淋溶损失，尤其是钙离子、镁离子。因此，应充分认识到中量元素对作物增产和品质提高的重要性。

钙：钙是植物必需的营养元素，具有极其重要的生理功能。植物中绝大部分钙作为细胞壁的果胶质结构成分，与果胶酸形成果胶酸钙被固定于相邻的两个细胞壁之间，即中胶层外，维持细胞壁的结构和功能。缺钙时，中胶层中钙与果胶的黏结性受到影响，植物组织易受病菌的侵害。因此，钙能够增强植物的抗病力，使农作物耐贮藏、耐运输且不易腐烂。钙在细胞膜中作为磷酸和蛋白质的羧基间联结纽带，起到稳定细胞膜的作用。钙可与植物细胞中的钙调蛋白结合调节酶的活性，作为激素和环境信号传导的第二信使。钙能中和植物新陈代谢生成的有机酸，形成草酸钙、柠檬酸钙、苹果酸钙等不溶性有机钙，调节pH，稳定细胞内环境。钙离子能降低原生胶体的分散度，调节原生质的胶体状态，使细胞充水度、黏滞性、弹性及渗透性等适合于作物生长。钙能有效地提高植物的抗寒

性。钙能调节某些酶的活性，传递并诱导干旱信号的表达，提高植物的保水能力。钙能调节植物体细胞内离子平衡，减少钠离子的吸收。研究表明，钙能促进离子的选择性吸收、运输和分配。

镁：镁主要存在于幼嫩器官和组织中，植物成熟时则集中于种子。镁离子在光合和呼吸过程中，可以活化各种磷酸变位酶和磷酸激酶。同样，镁也可以活化DNA（脱氧核糖核酸）和RNA（核糖核酸）的合成过程。镁在植物体内以离子或与有机物结合的形式存在。镁的主要功能是作为叶绿素和叶绿素卟啉环的中心原子，在叶绿素合成和光合作用中起重要作用。缺乏镁，叶绿素即不能合成，叶脉仍绿而叶脉之间变黄，有时呈红紫色。若缺镁严重，则形成褐斑坏死。镁也是许多酶的活化剂，在光合磷酸化中是氢离子的主要对应离子。蛋白质合成时镁的另一重要生理功能是作为核糖体亚单位联结的桥接元素，能保证核糖体稳定的结构，为蛋白质的合成提供场所。叶片细胞中约有75%的镁是通过上述作用直接或间接参与蛋白质合成的。植物体中一系列的酶促反应都需要镁或依赖于镁进行调节。

硫：硫在植物生命活动过程中起多种作用。硫是构成含硫氨基酸和蛋白质的基本元素，它又能合成其他重要的生物活性物质、参与酶的活化等。因此，硫能调节植物代谢，提高产量和改进品质。硫是含硫氨基酸半胱氨酸、胱氨酸和蛋氨酸的成分，也是蛋白质的成分。作物缺硫时，蛋白质含量降低，不含硫的氨基酸和酰胺及NO_3^-累积就多，因而影响植株的生长。硫对蛋白质的结构和功能也很重要。二硫键的形成是硫在生物化学中的主要功能，它决定着蛋白质分子的立体构型。硫合成生物素（维生素H）、硫胺素焦磷酸（维生素B_1）、谷胱甘肽、铁氧还蛋白、辅酶A等生物活性物质。半胱氨酰-SH基在维持许多酶的催化活性的构象中很重要。硫虽然不是叶绿素的成分，但明显地影响叶绿素的合成。在绿色叶片中，蛋白质大多数位于叶绿体中，它与叶绿素分子形成色素蛋白复合物。硫还能合成挥发性含硫物质。

（三）微量元素

铁：植物从土壤中主要吸收氧化态的铁，一般认为二价铁是植物吸收的主要形式。铁在植物中的含量不多，通常为干物重的千分之几。铁有两个重要功能，一是某些酶和许多传递电子蛋白的重要组成成分，二是调节叶绿体蛋白和叶绿素的合成。另外，铁是氧化还原体系中的血红蛋白（细胞色素和细胞色素氧化酶）和铁硫蛋白的组分，还是许多重要氧化酶如过氧化物酶和过氧化氢酶的组分。铁又是固氮酶中铁蛋白和钼铁蛋白的金属成分，在生物固氮中起作用。铁对植物的光合作用、呼吸作用都有影响，铁虽然不是叶绿素的组成成分，但叶绿素生物合成中的一些酶需要Fe^{2+}的参与。铁对叶绿体蛋白如基粒中结构蛋白的合成起重要作用。

锰：土壤中的锰以三种氧化态存在（Mn^{2+}、Mn^{3+}、Mn^{4+}），此外还以整合状态存在，但主要以Mn^{2+}的状态被植物吸收。锰对植物的生理作用是多方面的，它能参与光分解，提高植物的呼吸强度，促进碳水化合物的水解；调节体内氧化还原过程；也是许多酶（如脱氢酶、脱羧酶、激酶、氧化酶和过氧化酶）的活化剂，尤其影响糖酵解和三羧酸循环；促进氨基酸合成肽键，有利于蛋白质的合成从而促进种子萌发和幼苗的早期生长；还能加速萌发和成熟，增加磷和钙的有效性。

锌：锌以Zn^{2+}的形式被植物吸收，锌能很好地改变植物体内有机氮和无机氮的比例，大大提高植物抗干旱、抗低温的能力，促进枝叶健康生长；锌参与叶绿素生成、防止叶绿素的降解和形成碳水化合物，主要参与生长素的合成，是某些酶（如谷氨酸脱氢酶、乙醇脱氢酶）的活化剂；色氨酸合成需要锌，而色氨酸是合成生长素（IAA）的前体。现在已经知道锌是80种以上酶的成分，例如乙醇脱氢酶、Cu/Zn-超氧化物歧化酶、碳酸酐酶和RNA聚合酶。

铜：铜离子形成稳定性络合物的能力很强，它能和氨基酸、肽、蛋白质及其他有机物质形成络合物，因而植物体内有多种含铜

的酶和蛋白质。在这些酶和蛋白质中，铜的作用主要是通过自身化合价的变化进行电子传递和参与氧化还原反应，进而影响多方面的代谢调控，如光合、呼吸、蛋白质合成及活性氧代谢等。

硼：硼是植物生长必需的营养元素之一，参与作物的许多重要生理活动，是作物生长、开花和结果所必需的重要营养元素，具有促进作用、特殊作用、调节作用。硼能促进碳水化合物的运转，植物体内含硼量适宜，能改善作物各器官的有机物供应，使作物生长正常，提高结实率和坐果率。硼对受精过程有特殊作用，它在花粉中以柱头和子房含量居多，能刺激花粉的萌发和花粉管的伸长，使授粉能顺利进行。硼还能在植物体内调节有机酸的形成和运转。

钼：钼元素在作物体内含量很少，但是它是作物生长发育不可缺少的一种元素，主要存在于作物的韧皮部和维管束组织中，起到转运植物蛋白调控作物生长发育的作用。钼促进固氮根瘤菌在空气中的生物固氮，并进一步转化为植物所需的氮蛋白；促进铁离子等养分的吸收，提高光合速率；促进植物对磷的吸收及其在植物中的作用；促进植物糖的形成和转化，提高植物叶绿素含量和稳定性，提高维生素C含量。钼还提高了植物的耐寒性和抗旱性。

氯：1954年T. C. Broyer等用纯化学方法证明氯是高等植物必需的营养元素。主要作用与功能有参与光合作用和水光解反应，活化若干酶系统；作为钾的反离子进入表皮细胞保卫细胞，调节气孔开放、水汽和二氧化碳进出，维持细胞内电荷和膨压；促进植物对K^+、NH_4^+、Ca^{2+}、Mg^{2+}、Si^{4+}等的吸收和运输；有利于碳水化合物的合成与转化，促进细胞分裂、种子萌发；有助于消除谷类作物根系全蚀病菌、根瘤病菌侵染，增强作物抗病能力；抑制氮的硝化反应而减少氮的流失，降低植物体内硝酸盐含量而减少病害。

二、作物施肥基本原理

俗话说，庄稼一枝花，全靠肥当家。化肥的发明和问世无疑是20世纪以来人类伟大的里程碑之一。施肥是粮食增产的重要举措，只有满足作物对于养分的需求才能获得作物的优质、高产。然而近30年来，由于化肥、农药长期大量、不合理地投入和施用，破坏了农田生态系统原有的自然平衡，导致出现了一系列问题，如水体富营养化、土壤重金属污染、地下水硝酸盐含量超标等，严重破坏了人类赖以生存的自然环境。早在1840年，德国著名化学家、植物营养科学奠基人李比希（Justus von Liebig，1803—1873）就提出了关于施肥的两大学说，矿质养分学说和最小养分利用率学说。这对当时植物营养学科的奠定有着划时代的意义，使得植物营养学以崭新的面貌出现在现代农业科学领域。在李比希之后，相继有多位工作出色的学者也提出了新的观点，完善和发展了李比希所提出的关于作物施肥的理论。1909年，德国农业化学家米采利希等人通过燕麦施用磷肥试验证明：在其他技术条件相对稳定的前提下，随着施磷量的渐次增加，燕麦干物质的含量也随之增加，但是干物质的增产量却随施磷量的增加而呈现递减趋势，这就是报酬递减率学说。

随着人们认知水平的逐渐提高和植物营养学科不断发展，现代植物营养学观点所认为的作物施肥的基本原理主要包括以下几个要点。

1. 养分归还学说

植物以不同的方式从土壤中吸收矿质养分，导致土壤养分不断减少，连续种植使得土壤变得贫瘠。为了保持土壤肥力，就必须把植物带走的矿质养分以施肥的方式归还给土壤，否则不断地栽培势必会引起土壤养分的过度消耗，使得产量大幅度下降。养分归还学说的核心在于维持土壤养分供应和植物需求养分之间的平衡，达到用地、养地的动态平衡。在农业生产中，适当地投入化肥或有机、

无机肥配施可达到取长补短、缓急相济的作用。

2. 最小养分利用率学说

作物产量受土壤中相对含量最小的养分所控制，作物产量的高低则随着最小养分补充量的多少而变化。正如木桶效应原理，一只桶的装水量取决于其最短的那块板，最小养分利用率学说强调在农业生产中，施肥要具有针对性。作物的产量并不取决于单一养分含量，而是取决于多种养分之间的配比（量比）。因此，在实践中提倡合理施肥、测土配方施肥、配施复混肥等。

3. 报酬递减率学说

从一定面积土地所得到的报酬随着向该土地投入的劳动和资本数量的增加而增加，但达到一定限度后，随着投入的资本和劳动数量的再增加而报酬增加的速度却在逐渐递减。该学说反映了在农业生产技术水平不变的情况下，投入与产出的关系。说明施肥并非越多越好，而是要有限度。

4. 因子综合作用学说

对农业生产和农作物产量会产生直接或间接影响的因素被称为因子，比如：水分、光照、养分、冰雹、台风等。作物高产是影响作物生长发育的各个因子综合作用的结果，其中必然有一个起主导作用的限制因子，产量也在一定程度上受该种限制因子的制约，常随这一限制因子的克服而提高。只有各因子在最适状态下产量才会高。以辩证法的观点来看，农业生产也要分清"主要矛盾"和"次要矛盾"，抓住问题的"主要矛盾"。此外，也应重视施肥、环境与育种等其他技术措施的相互配合，充分发挥交互作用，从而最大限度地提高作物产量。

三、作物对养分的吸收

施入土壤中的营养元素是很全面的，但是其中大部分元素对植物是无效性的养分。所谓"生物有效养分（bioavailable

nutrient）"是指存在于土壤离子库中，在作物生长期内能够移动到紧挨植物根系位置或在短时期内可被作物吸收利用的一些矿质养分。作物可以通过吸收空气、水和土壤中的养分维持自身生命活动和生长发育，其中土壤是作物矿质养分来源的最大库源。一般来说，植物对养分的吸收是很复杂的过程，作物所需各种营养元素主要通过地下部（根系）从土壤中吸收。除此之外，植物还可以通过地上部（茎和叶）吸收少量的营养，作为根系营养的辅助，这种方式称为根外营养。地上部和地下部协同合作，共同满足植物对养分吸收的需求。

（一）根系对养分的吸收

根系是植物体吸收养分和水分的主要器官。植物体与环境之间的物质交换和能量流动，很大程度上是通过根系来完成的。因此，粗壮发达、耐受力强的根系是作物丰产的前提。一般来说，植物根系能吸收的养分形态包括气态、离子态和分子态3种。植物根系吸收养分以离子态为主，如：K^+、Ca^{2+}、Mg^{2+}、NO_3^-、Cl^-等。土壤中能被植物根系吸收的分子态养分并不多，只能吸收一些小分子有机化合物，如：氨基酸、磷脂、维生素等。大多数大分子有机物须先经过微生物分解转变成离子态养分才能被植物吸收利用。土壤中的养分向根表迁移的途径主要有3种：主动截获、质流和扩散。主动截获是指根直接从所接触的土壤环境中获取养分而不通过运输。截获所获得的养分实际上是根系所占土体容积中的养分。由于根系在土体中仅占3%的体积，因此植物通过截获获得的养分不足以满足作物生长的需求。质流是指植物蒸腾作用和根系吸水造成根表土壤与原土体之间出现明显水势差，压力差导致土壤溶液中的养分随水流向根表方向迁移。质流运输养分具有运输速率快、运输数量多、运输距离长等特点，其主要影响因素包括土壤溶液中该养分离子的浓度和植物的蒸腾速率等。而当根系通过质流和截获所得的养分不能满足作物生长发育需求时，根系对养分的不断吸收会造成在垂直

根表的方向上出现养分浓度梯度差，养分顺浓度梯度向根表迁移，这种养分的迁移方式称为扩散。迁移运输养分具有运输速率慢、运输数量少、运输距离短的特点，养分扩散速率取决于养分的扩散系数。

一般来说，植物以质流和扩散吸收养分为主，而通过截获吸收的养分数量很少。而对于不同养分元素来说，通过何种迁移方式到达根系又取决于其在土壤中的浓度差异、养分离子水合半径大小、电化学性质等。在植物蒸腾作用相同的条件下，土壤中钙、镁、硝态氮等浓度较高的养分离子主要依靠质流到达根系；而反之，磷酸氢根、钾、铵态氮等浓度较高的养分离子主要依靠扩散进入根系。

植物根系吸收养分最多的部位在距离根尖10 cm左右的根成熟区，这是因为在该区域布满了大量的根毛。根毛数量多、吸收面积大、具有黏性、易于土壤养分颗粒紧贴的特点使得根系对养分的吸收速率和数量大大增加。根系吸收养分的特点也决定了在农业生产实践中应注意肥料施用的位置和深度。施用种肥时，施用深度应距离种子一定距离，而基肥则应将肥料施到根系分布最稠密的耕层之中（距地面20 cm左右）。在作物生长期间进行追肥时，也应根据肥料的性质和种植情况，施用到最合适的区域。

（二）叶片和地上部其他器官对养分的吸收

叶片是植物重要的根外营养器官，叶片在吸收水分的同时也能够像根一样把营养物质（如气体、营养元素等）吸收到植物体中。植物叶片吸收养分主要有三条途径：一是主要分布在叶面的气孔，二是叶表面角质层的亲水小孔，这两条途径都具有吸收速效养分的能力；三是叶片可通过叶片细胞的质外连丝进行主动吸收，把营养物质吸收到叶片内部。叶面气孔是养分进入叶片内部的主要途径之一，叶面上的养分，首先以扩散方式通过蜡质层和角质层，然后进入叶肉细胞被吸收利用。

养分是否可以进入叶肉细胞是叶片对养分吸收利用的关键，而养分在叶片角质层的透过速率及数量受养分离子性质、浓度、温度及叶片表面性质等因素的影响，因此，作物叶片对养分的吸收效果受叶片类型、自身营养状况、生育时期、环境条件、叶面肥性质等诸多因素的影响。一般叶片宽大、蜡质层与角质层薄的作物叶面养分吸收效果好，反之则差。移动性越强的养分其喷施效果就越明显。根据营养元素在作物体内移动性的不同，可将其归纳为三组：可移动元素，包括氮、磷、钾、钠、氯、硫等；部分移动元素，包括锌、铜、锰、铁、钼、镁等；不移动元素，包括钙、硼等。由于微量元素移动性较差而使喷施效果受到一定的影响，通过增加喷施次数、改变喷施时期等措施，可在不同程度上提高其利用效率。在一定浓度范围内，喷施养分进入叶片的速率和数量一般随浓度的增加而增加，施肥效果也就越好。但当养分浓度超过一定限度之后，叶片组织中的养分失去平衡，叶片就会受到伤害而出现枯斑或灼伤症状，特别是高浓度的铵态氮肥对叶片的损伤尤为严重。此外，温度、光照、湿度、风速等环境因素都可以影响叶片养分吸收效果。为了提高叶面施肥效果，选择合适的喷施时间非常重要。溶液在叶片上保持润湿30～60分钟吸收效果较好，选择无风的晴天8:00—9:00和16:00—17:00喷施，叶片可保持较长的润湿时间，利于提高叶面喷施效果。另外，喷施液中加入吸湿剂、保湿剂等助剂成分，也可延长叶片润湿时间。

四、作物养分的运输与分配

植物根系从介质中吸收的矿质养分，一部分在根细胞中被同化和利用，另一部分经过皮层组织进入木质部输导系统向上运输，供应地上部生长发育，根据养分迁移距离的长短，可分为短距离运输和长距离运输。同时，地上部绿色组织合成的光合产物及部分矿质养分还可通过韧皮部系统运回根部，构成了植物体内的物质循环系统，调节养分在植物体内的分配。

（一）短距离运输

短距离运输是指根外介质中的养分从表皮细胞进入根内再经皮层细胞到达中柱的迁移过程。不同养分运输途径不同，如K^+、$H_2PO_4^-$以共质体途径运输为主，而Ca^{2+}、H_3BO_3等常以质外体途径运输。离子从中柱薄壁细胞再转移进入木质部导管，这个过程的动力是根压和蒸腾作用，而离子进入导管的数量还取决于外界离子的浓度，以及温度、呼吸作用等。当外界离子浓度增加时，进入木质部的离子增加，浓度也提高，但不可过高，如果离子浓度过高，水势太低反而影响离子进入木质部的总量。温度对不同离子影响不同，如温度升高，钾离子浓度上升，而钙离子浓度却下降。呼吸作用受抑制，养分的运输量会减少。

（二）长距离运输

矿质养分从根系向地上部的长距离运输是在木质部导管中进行的。运输动力是蒸腾作用和根压。当蒸腾量很小时，根压就成为木质部质流的主要驱动力。根压的大小取决于根系中矿质养分浓度的高低。这些矿质养分一般是从外部溶液中吸收进来的，当从生长介质中吸收的矿质养分很少时，尤其是在植物生长后期，由于养分耗竭，根际周围可获得的养分减少，或由于根系的吸收活性下降，这时矿质养分循环对木质部质流的形成就起着十分重要的作用。

韧皮部运输有向上和向下两个方向，一般韧皮部运输养分以向下为主。经韧皮部运到根中的矿质养分，除了向根系提供地上部的同化产物外，在特定条件下还提供了地上部对养分需求的信息，作为重要的反馈调节信号来调节根系对相应矿质养分的吸收速率。当植物地上部对养分的需求量增大时，经韧皮部向根系循环的相应养分浓度下降，作为反馈信号促进了根系对离子的吸收速率。同样，当地上部养分需求量减小时，韧皮部中循环的养分浓度升高，则抑制了根系对相应离子的吸收。已知根系对钾、磷、铁的吸收存在这种反馈调节机制。

（三）养分的循环与再利用

植物体内的养分循环是指根系吸收的矿质营养，经木质部运输到地上部，其中一部分养分又经韧皮部返回根系的过程，即矿质营养经历了一个完整的循环过程：根系→木质部→地上部→韧皮部→根系。上述由地上部返回到根中的养分不能被根系完全利用，其中一部分又可经木质部再次运到地上部，这一过程称为养分的再循环。根据矿质元素在韧皮部中的移动性，通常可将它们分为移动性强、中等和弱三类，其中除去钙和锰在韧皮部中的移动性最弱外，其余均属移动性中等的元素。

第四章　肥　料　概　况

　　我们把施入土壤或通过其他途径能够为作物提供营养成分，或改良土壤理化性质，为植物提供良好生活环境的物质统称为肥料。在农业生产中，肥料相当于作物的粮食。我国农谚有"种地不上粪，等于瞎胡混"之说。我国近年来的土壤肥力监测结果表明，肥料对农产品产量的贡献率，全国平均为57.8%。中国以占全世界7%的耕地养活了全世界22%的人口，一半归功于肥料的作用。然而，当前我国在肥料施用方面还存在诸多问题：在施肥观念上，重氮磷肥，轻钾肥；重基肥，轻追肥；重大量元素肥，轻微量元素肥；重无机肥，轻有机肥等。在施肥和灌溉方法上，以传统的撒施、泼施和大水漫灌为主，施肥方法陈旧落后，由此造成了许多不良的后果：养分奢侈吸收，导致作物产量和品质下降，土壤土传病害严重；肥料当季利用率低，大量淋溶损失，污染环境和地下水；浪费资源，成本高，效益低，农业收入增加缓慢甚至停滞。因此，更新农户观念、调整肥料产业结构、构建完善的施肥耕作体系刻不容缓。

　　肥料的种类繁多，分类方法也没有严格规范和统一的标准：①按照肥料来源和组分的主要性质可分为化学肥料（矿质肥料）、有机肥料、生物肥料和绿肥；②按所含营养元素成分分类，可分为氮肥、磷肥、钾肥、钙肥、镁肥、锌肥、硼肥等；③按照营养成分种类划分，可分为单质肥料、复合肥料等。在本书中，笔者以第1种分类方法为主线，展开介绍肥料的种类和基本性质，以供读者参考。

一、化　学　肥　料

化学肥料是指用化学的方法制造或开采矿石，经过化学加工制成的肥料，也称为无机肥料，包括氮肥、磷肥、钾肥、微肥、复合肥等。它们的共同性质如下：①化学成分单一，其含量和纯度相对较高；②多属水溶性或酸溶性肥，属于速效养分，可被作物快速吸收利用；③施入土壤中只能在一定时期内改变某元素的浓度，但无培肥改土作用；④对加工、运输、储存等各方面有一定的科学要求。

（一）氮肥种类及性质

氮肥按照含氮基团的种类可分为铵态氮肥、硝态氮肥和酰胺态氮肥三大类，包括：碳酸氢铵、硫酸铵、氯化铵、硝酸铵、硝酸钙、尿素、石灰氮等。按照施入土壤中肥料释放的速率可分为速效氮肥和缓控释肥，缓控释肥作为当前肥料发展的热门方向之一，将在新型肥料章节进行介绍。

1. 碳酸氢铵

碳酸氢铵简称碳铵，含氮量为16.6%～17.5%，由于其可分解为NH_3、CO_2和H_2O而消失，又称气肥。碳酸氢铵为无色或白色晶体颗粒，吸湿性强，极易溶于水，水溶液呈碱性。碳酸氢铵的化学性质极不稳定，在高温条件下容易分解成CO_2、H_2O和NH_3逸散，造成肥料挥发损失，故运输或储存碳酸氢铵时应注意避光、避热、避湿、避免强烈摇晃。碳酸氢铵施入土壤中，土壤颗粒胶体对铵的吸附量相对较大，可有效减少铵的挥发损失。此外，施用碳酸氢铵不会残留酸根，长期施用不会对土壤造成不良影响，是安全氮肥品种之一。碳酸氢铵适合做基肥和追肥，适用于各种土壤，可同时提供作物生长所需的铵态氮和二氧化碳，但含氮量低、易结块。碳酸氢铵施用时应注意深施覆土，施用后适当灌水，保持一定水层；施用

时注意气温，避免高温或大雨后施用。

2. 硫酸铵

硫酸铵简称硫铵，一般含氮量为20%。硫酸铵纯品为白色结晶，吸湿性弱，易溶于水，水溶液呈酸性反应。20世纪60年代，硫酸铵是氮肥的主要品种，也是提供作物营养元素硫的主要来源之一。硫酸铵化学性质稳定，在常温下不易挥发和分解。硫酸铵属于生理酸性肥料，施入土壤中会残留较多SO_4^{2-}，与土壤中的H^+结合，长期单一使用，使土壤酸化板结，需要改良。酸性肥料不能和碱性肥料一起使用，双水解容易使肥效散失；在酸性土壤中施用硫酸铵应该配合施用石灰，但注意不可同时施用。在水田里施用硫酸铵也应注意及时排水，这是由于硫酸根会在还原条件下还原成硫化氢，毒害作物根系。硫酸铵为生理酸性速效氮肥，一般比较适用于小麦、玉米、水稻、棉花、甘薯、麻类、果树、蔬菜等作物。对于土壤而言，硫酸铵适于中性土壤和碱性土壤，而不适于酸性土壤。

硫酸铵可作基肥、追肥和种肥，施用时应注意施用量不宜过大。作基肥时，硫酸铵要深施覆土，以利于作物吸收。作追肥，是硫酸铵适宜的施用方法。根据不同土壤类型确定硫酸铵的追肥用量。对保水保肥性能差的土壤，要分期追施，每次用量不宜过多；对保水保肥性能好的土壤，每次用量可适当多些。土壤水分多少也对肥效有较大的影响，特别是旱地，施用硫酸铵时一定要注意及时浇水；至于水田作追肥时，则应先排水落干，并且要注意结合耕耙施用。此外，不同作物施用硫酸铵时也存在明显的差异，如用于果树时，可开沟条施、环施或穴施。硫酸铵较适于作种肥，因为其对种子发芽无不良影响。

3. 氯化铵

氯化铵简称氯铵，为白色晶体，含杂质时略呈淡黄色，其含氮量为24%～25%。氯化铵的物理性状良好，吸湿性较强，不易结块，易溶于水，水溶液呈酸性。氯化铵分为粉状和粒状两种，粒状的氯化铵不容易吸湿，容易储存。而粉状的多是用作复肥的基础肥料，属于生理酸性肥料，里面含的氯成分多，不适合用在酸性或者是盐碱性重的土壤上，不适宜作为种肥、叶面肥及秧田肥施加，也不能用在对氯敏感的作物上。氯化铵化学性质稳定，常温下不易挥发和分解。与硫酸铵相似，氯化铵为生理酸性肥料，作物将NH_4^+吸收后，土壤中会残留较多Cl^-，连续大量地施用会酸化土壤。在酸性土壤中施用氯化铵应注意与石灰配合施用。

氯化铵可作基肥和追肥，作基肥时应于播种前7～10天施用，作追肥应避开幼苗对氯的敏感期。氯化铵在旱地和水田都可以施用，但在水田施用的效果好，可优先施用在水田上。氯化铵不宜作种肥和幼苗施肥，因为它的渗透压大，又含有很多氯离子，会影响种子发芽和造成烧苗现象。由于氯化铵中含有大量的氯离子，不宜施于红薯、马铃薯、甘蔗、西瓜、葡萄、柑橘、烟草等忌氯作物，否则影响品质。因为氯离子过多会影响作物对磷的吸收，从而影响糖分的运输与淀粉的形成，使淀粉含量和含糖量降低。

4. 硝酸铵

硝酸铵简称硝铵，硝酸铵为白色结晶，含有杂质时呈淡黄色，其含氮量约为34%。硝酸铵有2种形态的氮，即铵态氮和硝态氮。硝酸铵一般为无色无臭的透明晶体或者呈白色的晶体状，极易溶于水（溶解时会吸收大量的热量），并且容易吸湿结块，造成施用上的不便。硝酸铵的热稳定性较差，在受热条件下易发生分解而产生爆炸，因此，在储存过程中应特别注意避免与易燃易爆物品混放。

硝酸铵使用时，常改性成硝酸铵钙（含氮率为20%）和硫硝酸铵。以硝酸铵钙为例，硝酸铵钙肥效期是2～3天，不宜作种肥。通常在春、秋两季作为基肥和追肥使用效果好。硝酸铵钙可用于追施、冲施、撒施、滴灌和喷施等，如果用来滴灌和喷施，800～1 000倍水稀释后施用。一般果树每亩施加10～25 kg为宜，在果树开花至花后喷施，对于大田作物每亩施加15～30 kg，兑水喷施在叶面。

5. 硝酸钙

硝酸钙含氮量为12.6%～15%，白色结晶，加热至500℃左右分解。易溶于水、乙醇、甲醇和丙酮，生理碱性肥料，可形成一水合物和四水合物。硝酸钙极易吸湿结块，在储存和运输时应注意防潮防火。硝酸钙较宜作旱田的追肥，适用于酸性土壤。但需要注意，硝酸钙的肥料养分较易流失，可少量分次施用，且一般不要在雨前施用。作基肥时，硝酸钙可与腐熟的有机肥料、磷肥（过磷酸钙）、钾肥配合施用，这样可以明显地提高肥效。但不宜单独与过磷酸钙混合，以防降低磷肥肥效。由于硝酸钙含氮量较低，用量要比其他氮肥多一些。

6. 尿素

尿素中的氮素以酰胺（$CO-NH_2$）形式存在，属于酰胺态氮肥，其含氮量约为42%。尿素为白色晶体，易溶于水，在土壤中残留性小，适用于各种土壤和作物，应用比较广泛。尿素吸湿性较弱，常温下性质较为稳定，易保存，使用方便，对土壤的破坏作用小，是使用量较大的一种化学氮肥，也是含氮量高的氮肥。

尿素是一种高浓度氮肥，属中性速效肥料，也可用于生产多种复合肥料。在土壤中不残留任何有害物质，长期施用没有不良影响。但在造粒中温度过高会产生少量缩二脲，又称双缩脲，对作物有抑制作用。我国规定肥料用尿素缩二脲含量应≤1.5%。缩二脲含量超过1%时，不能作种肥、苗肥和叶面肥，其他施用期的尿素含量也不宜过多或过于集中。尿素是有机态氮肥，经过土壤中的脲酶作用，水解成碳酸铵或碳酸氢铵后，才能被作物吸收利用。因此，尿素要在作物的需肥期前4～8天施用。

尿素适用于作基肥和追肥，有时也用作种肥。尿素在转化前是分子态的，不能被土壤吸附，应防止随水流失；转化后形成的氨也易挥发，所以尿素也要深施覆土，避免高温施用。除了施用于土壤中，低浓度的尿素还可作为叶面肥，喷施于叶片。这是由于尿素分子体积小，易吸收；呈中性，电离度小；具有一定吸湿性。叶面喷施时应注意用量，大多数作物以0.5%～1%浓度为宜，避免高温、暴雨时喷施。

7. 石灰氮

石灰氮又叫氰氨化钙，是由氰氨化钙、氧化钙和其他不溶性杂质构成的混合物。石灰氮呈灰黑色，有特殊臭味，一般含氮量在20%～22%。石灰氮是当前无公害农产品生产中极具使用价值的一种好肥料，同时也是一种药、肥两用的土壤净化剂。石灰氮具有土壤消毒与培肥地力的双重作用，普遍在蔬菜种植区使用。石灰氮分解产生的氰胺对人体有害，使用时应特别注意防护。首先，施用地点不能与鱼池、禽畜养殖场太近，时间应选择无风的晴天；其次，撒施前后24小时内不要饮酒。撒施时要佩戴口罩、帽子和橡胶手套，要穿长裤、长袖衣服和胶鞋。撒施后要漱口，用肥皂水洗手、洗脸。最后，未用完的石灰氮要密封，存放在通风、干燥处。

（二）磷肥种类及性质

衡量一个磷肥品种磷含量高低的指标为磷的品位，其代表该磷肥产品中磷（P_2O_5）的含量。一般来说，含磷量高于30%，称为高品位磷肥；含磷量20%～30%为中品位磷肥；含磷量低于20%为低品位磷肥。我国磷肥种类较多，品种较全面，按照其溶解度可分为水溶性磷肥、枸溶性磷肥和难溶性磷肥等。常见的磷肥品种有过磷酸钙、重过磷酸钙、钙镁磷肥、磷矿粉等。

1. 过磷酸钙

过磷酸钙简称普钙，是用硫酸分解磷矿直接制得的磷肥。主要有用组分是磷酸二氢钙的水合物$Ca（H_2PO_4）_2 \cdot H_2O$和少量游离的磷酸，还含有无水硫酸钙。过磷酸钙含有效磷（P_2O_5）14%～20%（其中80%～95%溶于水）。过磷酸钙为灰色或灰白色粉料（或颗粒），可直接作磷肥，也可作制复合肥料的配料。过磷酸钙是一种水溶性磷肥，呈酸性，在潮湿环境下部分水溶性磷容易转变成难溶性磷，且转化速度随温度、湿度上升而逐渐加快。过磷酸钙中含有

少量的游离酸，使溶液呈酸性反应，并具有一定吸湿性和腐蚀性。吸湿后易发生过磷酸钙的退化作用，因此，在储存、运输途中应注意防潮。

施入土壤中的过磷酸钙易发生异成分溶解，因此，施用时应尽量减少它与土壤的接触面积，并尽量施用于根系附近。过磷酸钙能供给植物磷、钙、硫等元素，具有改良碱性土壤作用。可用作基肥、根外追肥、叶面喷洒肥，应适当集中施用和深施；与氮肥混合使用，有固氮作用，能减少氮的损失。过磷酸钙能促进植物的发芽、长根、分枝、结实及成熟，可作生产复混肥的原料。

2. 重过磷酸钙

重过磷酸钙是一种混合物，简称重钙，又称三料过磷酸钙或三倍过磷酸钙，分子式为$Ca(H_2PO_4)_2 \cdot CaHPO_4$，含$P_2O_5$ $36\% \sim 52\%$，主要成分为水溶性磷酸一钙，含$4\% \sim 8\%$的游离酸，不含硫酸钙。重过磷酸钙呈深灰色或灰白色的颗粒状或粉末状，易溶于盐酸、硝酸，溶于水，几乎不溶于乙醇，加热失水（100℃）。

重过磷酸钙吸湿性和腐蚀性较过磷酸钙强，粉状的较易结块。适宜长途运输和储存。

由于重过磷酸钙在制造过程中常制成颗粒肥，施入土壤后与土壤接触的表面积较小，不易造成异成分溶解。重过磷酸钙的施用方法与过磷酸钙基本相似，不宜与碱性肥料混施。

重过磷酸钙常作为高浓度水溶性速效磷肥使用，有效成分含量比过磷酸钙高，用量相对减少，不过对某些喜硫作物如马铃薯及豆科、十字花科作物的反应，不如过磷酸钙好，也不宜作种肥或用于蘸秧根。重过磷酸钙作为肥料用于各种土壤和作物，可作为基肥、追肥和复合（混）肥原料。广泛适用于水稻、小麦、玉米、高粱、棉花、蔬菜等各种粮食作物和经济作物。

3. 钙镁磷肥

钙镁磷肥为枸溶性、弱碱性磷肥，不溶于水，在2%柠檬酸溶液中能溶解95%，易为农作物根系分泌液溶解而被吸收。钙镁磷肥一般为绿色、灰白色或褐黄色玻璃质的粉末或细粉状物质。钙镁磷肥无臭无味，不吸湿不结块，没有腐蚀性，包装、运输、施用都很方便；其中所含硅、钙、镁等元素都是农作物生长所必需的物质，而且还含少量锌、钼等植物所需的微量元素，有利于农作物生长。钙镁磷肥是一种含有磷酸根（PO_4^{3-}）的硅铝酸盐玻璃体，主要成分包括$Ca_3(PO_4)_2$、$CaSiO_3$、$MgSiO_3$，一般含磷（P_2O_5）12%～20%、钙（CaO）25%～32%、镁（MgO）8%～12%、硅（SiO_2）25%～40%等，是一种同时含有钙、镁、硅、铁、锰、锌等中微量元素的多元素磷肥。

钙镁磷肥在植物根区溶解过程中会产生氧气及具有消毒、杀虫作用的活性氧原子。枸溶性CaO和MgO不易被固定和流失，但可以被植物吸收，减少土壤酸化的可能性，减轻土壤重金属污染、减少地下害虫。铁、锰、锌呈枸溶性，不易被土壤固定，但可被植物吸收利用。钙镁磷肥是一种良好的酸性土壤改良剂。其是碱性肥料，但碱度小于常用的酸性土壤改良剂——石灰，不会杀灭土壤微生物，破坏土壤结构；可以提高土壤pH，增加土壤盐离子代换量和盐基饱和度，增加土壤养分，培肥土壤，加速土壤熟化；补充土壤中的钙、镁，特别适用于南方钙镁淋溶较严重的酸性红壤，可降低铝毒活性，降低土壤溶液中锰离子浓度，减轻红壤的铝毒、锰毒，从而促进作物生长。钙镁磷肥适宜在酸性土壤、中性土壤及缺镁的沙质土上施用，连续施肥不会使土壤板结，对酸性土壤还有改良作用。钙镁磷肥作基肥和种肥，施用时应注意避免与铵态氮或腐熟的有机肥料混施，以免引起氨挥发损失和磷的退化作用。

4. 磷矿粉

磷矿粉为难溶性磷肥，呈白灰状，含磷量为10%～25%。磷矿粉的主要成分的化学式为$Ca_3(PO_4)_2$，施用于土壤具有肥效长、肥效慢、供磷量大等特点。磷矿粉的肥效主要取决于有效磷的含量，有效磷含量越高肥效就越好。磷矿粉是迟效性磷肥，不溶于

水，只溶于强酸，呈现化学中性。在我国南方的红壤、黄壤和沿海的碱酸田可以直接施用。磷矿粉可用作基肥，应均匀撒施后翻耕入土，利用土壤酸度将肥料溶解；每亩用50～100 kg，不要用作追肥，连施4～5年之后，可以等2～3年再用。磷矿粉应首先施用于吸磷能力强的作物，如油菜、萝卜、荞麦及豆科作物等。

（三）钾肥种类及性质

我国钾肥生产的主要来源为含钾卤水，其中绝大部分集中在柴达木盆地的察尔汗盐湖。但是，目前我国生产的钾肥还远远不能满足农业生产的需求，因此，除了科学用好钾肥外，还必须加强对有机钾源的利用，大力提倡秸秆还田。常见的钾肥品种有氯化钾、硫酸钾、窑灰钾肥和草木灰等。

1. 氯化钾

氯化钾为淡黄色或粉红色结晶，其含钾（K_2O）量为50%～60%，含量非常高，是速效水溶性良好的钾肥，也是用量最多、使用范围较广的钾肥品种。氯化钾溶于水后呈中性，吸湿性不强，物理性质良好。氯化钾为生理酸性肥料，在土壤中呈离子状态，钾离子与土壤胶体上的其他离子起代换作用，在酸性土壤中长期、大量、单一地施用氯化钾可能会导致土壤酸化，盐基养分离子大量淋失。因此，在酸性土壤中施用氯化钾，应适当配合施用石灰。

氯化钾施入土壤后，溶解时解离为钾离子和氯离子，钾离子很容易被土壤胶体粒子吸持，也易被作物根系吸收，但残留的氯离子不易被土壤吸收，易随水流失。氯化钾适宜作基肥或早期追肥，但不宜作种肥和根外追肥，因为氯化钾肥料中含有大量的氯离子，会影响种子的发芽和幼苗的生长。氯化钾适用于水稻、麦类、玉米等作物，特别适用于麻类作物，因为氯对提高纤维含量和质量有良好的作用。作基肥时，要在播种前10～15天，结合耕地将氯化钾撒施入土壤中；作追肥时，可掺5～6倍干细土，撒施、条施均可。对于保肥、保水能力比较差的沙质土，则要遵循少量多次施用的原则，也可以配成1%～2%氯化钾水溶液喷施。

2. 硫酸钾

硫酸钾含钾（K_2O）量为45%～50%，含硫18%，并且含有多种中微量元素，是一种含高浓度钾的速效水溶性良好的复合型钾肥。硫酸钾水溶液呈中性，是生理酸性肥料，在酸性土壤中长期使用，会增强土壤酸性，加剧土壤中活性铝和铁对作物的危害，并且容易使土壤结构密度增大，造成土壤板结。硫酸钾的吸湿性弱，不易结块，物理性状良好，施用方便，是很好的水溶性钾肥，是制造各种钾盐如碳酸钾、过硫酸钾等的基本原料，也是制作无氯氮、磷、钾三元复合肥的主要原料。

硫酸钾为速效性肥料，能被作物直接吸收利用。硫酸钾是一种无氯钾肥，特别是在烟草、葡萄、甜菜、茶树、马铃薯、亚麻及各种果树等对氯敏感的作物的种植业中，是不可缺少的重要肥料。硫酸钾中含有一定量硫，可优先施用于含硫量较多的作物，如：洋葱、韭菜、花生、大蒜等。硫酸钾施入土壤中可作基肥、追肥和种肥，除此之外，还可用作根外施肥。硫酸钾价格比氯化钾贵，货源少，重点用在对氯敏感及喜硫喜钾的经济作物上，效益会更好。

3. 窑灰钾肥

窑灰钾肥是水泥工业的副产物，是水泥原料在高温煅烧时，其中钾盐矿物结构被破坏，部分氧化钾被释放出来黏附于烟道气累积而成。窑灰钾肥是一种黄色或灰褐色的粉末状肥料，其含钾（K_2O）量为8%～12%，高的可达20%，还含有钙（CaO）35%～40%及镁、硅、硫和多种微量元素。窑灰钾肥颗粒小，质地轻，呈强碱性反应（水溶液pH 9.0～11.0），吸湿性很强，易结块。

窑灰钾肥中的钾素包括水溶性钾、枸溶性钾和难溶性钾。其中水溶性钾占35%～45%，主要成分是碳酸钾和硫酸钾；枸溶性钾占50%左右，主要成分是硅酸钾和铝酸钾；难溶性钾占5%～10%，主

要成分是钾长石、黑云母等含钾矿物。除难溶性钾外，均能被作物吸收利用。窑灰钾肥可作基肥和追肥，宜在酸性土壤中施用，不宜与铵态氮肥、腐熟有机肥和水溶性磷肥混合施用，以免降低肥效。

4. 草木灰

草木灰是我国农村地区常使用的农家肥料，将作物秸秆、枯枝落叶和谷壳等燃烧，所得的灰分即为草木灰。因为草木灰肥料是植物燃烧后的灰烬，所以含有植物所需的矿质元素，包括钾、钙、镁、硫、硅等。草木灰中钾元素含量多，一般含量为6%～12%，90%以上为水溶性速效钾，以碳酸盐形式存在；其次是磷、钙等元素。草木灰质轻且呈碱性，干时易随风而去，湿时易随水而走，与氮肥接触易造成氮元素挥发损失。

（四）中微量元素肥种类及性质

植物所需的营养元素除氮、磷、钾等大量元素之外，还需要钙、镁、硫等中量元素和铁、铜、锌、锰、硼等微量元素。这些元素的需求虽然非常小，但对作物的生长发育至关重要。中微量元素在植物体内对光合作用、碳水化合物的形成和转运、其他营养元素的吸收和运输等均有重要意义。如：锌和镁是叶绿素合成的组分；硼对花粉管伸长和种子形成具有促进作用。中微量营养元素经过工业加工所制成的在农业生产中作为肥料施用的化工产品称为中微量元素肥料。如硫酸镁、硫酸锌、硼砂等。

1. 钙肥

植物对钙肥的需求量较大，它能稳固植物细胞胞间层和细胞壁，缺钙会导致细胞解体、细胞分裂受阻等；此外钙对细胞内的某些信号转导和镁的形成起重要作用，缺钙会抑制细胞代谢功能。钙肥是具有钙标明量的肥料，其重要品种是石灰，包括生石灰、熟石灰和碳酸石灰，以及石膏、大多数磷肥（如钙镁磷肥、过磷酸钙等）和部分氮肥（如硝酸钙、石灰氮等）。

生石灰又称烧石灰，主要成分是氧化钙。通常用石灰石烧制而成，含氧化钙90%～96%。如果是用白云石烧制的，则称镁石灰，含氧化钙55%～85%。贝壳类含有大量碳酸钙，也是制石灰的原料，沿海地区所称的壳灰，就是用贝壳类烧制而成的，其氧化钙的含量螺壳灰为85%～95%，蚌壳灰为47%左右。生石灰具有很强的酸碱中和能力，宜施用在酸性土壤中；生石灰还具有杀虫、灭草和消毒杀菌的作用。但是石灰不宜连续、大量、长期施用，否则会造成土壤严重板结，盐基养分离子淋失而导致肥力下降，土传病害加剧等。此外，生石灰不宜与腐熟的有机肥或铵态氮肥混施，以免造成氮的挥发损失。

熟石灰又称消石灰，主要成分是氢氧化钙，是由生石灰吸湿或加水处理而成，会释放出大量热能。熟石灰中和土壤酸度的能力也很强，但弱于生石灰。熟石灰钙含量因原料种类而异，可按生石灰中氧化钙含量推算，施用方法与生石灰类似。

碳酸石灰由石灰石、白云石或贝壳等直接研磨而成，其主要成分是碳酸钙，碳酸钙的溶解度相对较小，中和土壤酸度的能力较缓和而持久。

2. 镁肥

镁是叶绿素的重要组分，参与作物的光合作用及糖类、蛋白质与脂肪等的代谢，施镁能促进植株生长，改善农产品品质。镁肥分水溶性镁肥和微溶性镁肥。前者包括硫酸镁、氯化镁、硝酸钙镁、含钾硫酸镁等，可用于叶面喷施；后者主要有磷酸镁铵、钙镁磷肥、白云石和蛇纹石等。

硫酸镁，常用的包括七水硫酸镁和一水硫酸镁，均为白色结晶，呈酸性，溶于水，七水硫酸镁含镁（MgO）13%～16%，一水硫酸镁含镁（MgO）28.6%。硫酸镁是制造复合肥的理想原料，可以根据不同需要与氮、磷、钾混合成复肥或混肥，也可以分别与某一种或多种元素混合成各种肥料及光合肥料。硫酸镁能疏松土壤、改善土质，为土壤提供镁和硫两大元素，有助于农作物生长和提高其产量及品质。硫酸镁具有较高的溶解度，有利于农作物的吸收，

还可以促进作物对硅和磷的吸收。硫酸镁属易溶性、生理酸性肥料，可作基肥（底肥）、追肥、灌肥、叶面肥使用，对果树、橡胶树、烟草、豆类蔬菜、马铃薯、玉米、小麦、谷类等农作物有良好的增产效果。硫酸镁可单独施用，也可作为组分之一掺混使用，既可在传统农业领域应用，也可在高附加值精密农业、花卉和无土栽培领域中应用。

硝酸钙镁肥呈白色粒状，百分之百溶于水，是一种新型、高效的钙镁肥，有肥效快、吸收好的特点；其中的钙离子可以调节土壤酸碱度并促进作物对土壤中氮、磷、钾的吸收，增加作物抵抗力；有效预防作物因缺钙引起的生理性病害；可使细胞壁增厚，增加叶绿素含量及促进碳水化合物的形成，使水果、蔬菜的储运期延长，粮食作物籽粒饱满、千粒重增加；可增加贮藏期间果品硬度，明显增加果实外观色泽与光洁度，改善品质，提高产量，提升果品等级。

氯化镁，从盐水或海水中提取，通常带有6个分子的结晶水，为白色结晶，呈酸性，溶于水，含镁（MgO）2.5%。氯化镁一般作为底肥施入，特别是南方酸性土壤对镁需求特别大。一般采取镁石加工，碱性的为佳，专门针对植物的缺绿症。如果与氨基酸或者腐殖酸类有机物质一起使用效果更佳。

磷酸镁铵是用磷酸与镁的化合物 $[MgCl_2 \cdot Mg(OH)_2]$ 制成的含镁氮磷复合肥料。主要成分为一水磷酸镁铵的复盐 $[Mg(NH_4)PO_4 \cdot H_2O]$，含镁（MgO）15%～16%、氮10%～11%、磷（P_2O_5）39%～40%。在水中的溶解度小，是一种缓释肥料。多制成颗粒状。施入土中后的溶解速率可通过粒径控制，能较长时间供应作物所需的氮、磷、镁。磷酸镁铵可作基肥、追肥，宜与其他肥料配合施用，作基肥时，宜在酸性土壤上浅施，主要用于果园、草地、花卉和苗床等。

3. 硫肥

硫参与蛋白质及一些特殊化合物如蒜油、芥子油的合成，有些作物如豆科、十字花科的作物吸硫特别多，施硫能提高豆科作物的固氮能力和饲料的营养价值，提高作物的产量与品质。生产上常用的含硫化肥主要有石膏、硫黄、普通过磷酸钙、硫硝酸铵、硫酸铵、硫酸镁、硫酸钾等。但只有硫黄、石膏被专门作为硫肥施用。

石膏可以分为生石膏、熟石膏和磷石膏。生石膏即普通石膏，俗称白石膏，主要成分为$CaSO_4 \cdot 2H_2O$，含钙（CaO）量约23%。它由石膏矿直接粉碎而成，呈粉末状，微溶于水，粒细有利于溶解，供硫能力较强且改土效果较好，通常以60目筛孔为宜。除含钙外，生石膏还含硫18.6%。熟石膏又称雪花石膏，其主要成分为$CaSO_4 \cdot 1/2H_2O$，含钙（CaO）约25.8%。它由生石膏加热脱水而成。吸湿性强，吸水后又变为生石膏，物理性质变差，施用不便，宜储存在干燥处。除含钙外，熟石膏还含硫20.7%。磷石膏主要成分为$CaSO_4 \cdot 2H_2O$，约占64%，其中含钙（CaO）约14.9%。磷石膏是硫酸分解磷矿石制取磷酸后的残渣，是生产磷铵的副产品。其成分因产地而异，一般含硫11.9%、磷（P_2O_5）2%左右。

硫黄主要为元素硫，粉状，难溶于水，刺激皮肤，容易着火，不宜加入混肥中。硫黄施入土壤以后，经硫细菌氧化形成硫酸盐，其中的硫酸根离子可被作物直接吸收利用。硫黄一般用膨润土造粒，在淋溶作用强度大的土壤中肥效好于干旱区土壤，在十字花科、豆科、鳞茎类蔬菜中肥效好于禾本科蔬菜。

4. 铁肥

铁肥可分为无机铁肥、有机铁肥和螯合铁肥三类。硫酸亚铁和硫酸铁是常用的无机铁肥。有机铁肥的主要代表品种有尿素铁络合物（三硝酸六尿素合铁）、黄腐酸二胺铁（由尿素、硫酸亚铁和黄腐酸制得）。

硫酸亚铁含铁元素19%，为蓝色结晶体，极易溶于水，方便植物叶面吸收。但硫酸亚铁在空气中极易被空气中的水分吸湿或氧化，外观颜色从蓝色变为淡黄色或铁锈色，发生这种改变的铁肥已经失去了应有的肥效，不宜再施用。所以，硫酸亚铁肥料一般只在

铁盒中密闭保存或在真空包装袋中存放。硫酸亚铁肥既可以用作基肥，也可以用于进行中期叶面喷肥或注射施肥，其价格较便宜，是市场上常见、种植户经常使用的一种铁肥。

相比无机类的硫酸亚铁，螯合铁主要是通过使用对铁亲和力比较好的有机酸、三价铁离子等物质螯合生产而来。常用的有机螯合态铁有乙二胺四乙酸铁和二乙三胺五醋酸铁，含铁分别为9%~12%和10%，均容易溶于水，极易被作物根系吸收，施入土壤或用作叶面喷施肥效果显著高于无机铁肥。目前，有机螯合态铁在市场上很难买到，价格较贵，施用成本较高，一般农户往往用来喷施，以节约费用。

腐殖酸铁属于有机复合类的铁肥，主要是由有机物和铁复合而成，既可以作基肥使用，也可以作叶面喷施使用，同时因为腐殖酸铁具有比较长的肥效期，所以如果是土壤补铁，就建议大家使用腐殖酸铁（或葡萄糖酸铁、柠檬酸铁等）。

5. 锌肥

锌肥是指具有锌标明量，为植物提供锌养分的肥料。常用的锌肥是硫酸锌和氧化锌，其次是氯化锌、含锌玻璃肥料，木质素磺酸锌、环烷酸锌乳剂和螯合锌均可作为锌肥。后三种为有机态锌肥，易溶于水。

常见的锌肥农用品为硫酸锌，包括 $ZnSO_4 \cdot 7H_2O$ 和 $ZnSO_4 \cdot H_2O$，前者为无色结晶，易溶于水，锌含量为23%左右；后者为白色粉末，易溶于水，锌含量为35%。锌肥一般可用于拌种、浸种和根外追肥。叶片"小叶病"、生长点坏死、玉米"白苗病"等均与缺锌有关，农业上常用铜锌波尔多液喷施果树，一方面补充铜和锌，另一方面消毒灭菌，杀死病虫害。

6. 硼肥

硼肥是指以为植物提供硼养分为主要功效的物料，常规硼肥是指以硼砂、硼酸、硼镁肥等为主的硼化工制品作为农业用的微量元素肥料。硼是植物必需的营养元素之一，以硼酸分子（H_3BO_3）的形态被植物吸收利用，在植物体内不易移动。常见的硼肥品种有硼砂和硼酸，硼砂为白色结晶粉末，硼含量为17.5%，易溶于热水；硼酸为白色结晶，硼含量为11%，易溶于水。缺硼较重的土壤，可选硼砂作基肥，以延长土壤供硼时间。每亩用量0.5～1 kg，在农作物播种时将硼肥与农家肥、化肥或适量干细土充分混匀作基肥穴施或条施，尽量避免与种子接触。缺硼不太严重且土壤黏重的地区施用硼砂，为防止硼砂残留造成土壤酸化而毒害作物，可考虑两年施一次。在土壤一般性缺硼或缺硼不太严重时，叶面喷硼可根据作物生长情况灵活、适时进行，具有省肥、减少污染、植物吸收快的特点，是常用的施硼方法，可在叶面的正反面喷施，反面喷施效果更好。

7. 铜肥

铜肥是指具有铜标明量，以为植物提供铜养分为主要功效的物料。五水硫酸铜是主要的铜肥。一水硫酸铜、碱式碳酸铜、氯化铜、氧化铜、氧化亚铜、硅酸铵铜、硫化铜、铜烧结体、铜矿渣、螯合铜等均可作为铜肥施用。五水硫酸铜，呈蓝色或蓝绿色结晶或颗粒粉末状，溶于水，铜含量为24%～25%。施用铜肥对克服麦类作物，特别是燕麦的"耕作病""麦瘟病"等具有重要作用。水溶性铜肥如硫酸铜、氯化铜可用作基肥或用于拌种、浸种，其他铜肥只适于作基肥，铜肥用量过多时，易毒害作物，需慎用。

8. 钼肥

钼肥是钼酸铵、钼酸钠、含钼过磷酸钙和钼渣等化学肥料的总称。常用的钼肥为钼酸铵和钼酸钠，钼酸铵为无色或淡黄色结晶，易溶于水，钼含量为54%；钼酸钠为白色粉末，溶于水，钼含量为39%。施钼肥能改善豆科植物的固氮作用，促进根瘤菌的形成。除此之外，棉花、甜菜、柑橘等对钼肥也有较好的反应。

9. 锰肥

锰肥是指具有锰标明量，为植物提供锰养分的肥料。其主要种类有一水硫酸锰、三水硫酸锰、碳酸锰、含锰玻璃肥料和Mn-EDTA（螯合锰）等。硫酸锰为常见锰肥，为白色或淡红色结晶，

易溶于水，其锰含量约为31%。锰肥对提高作物产量具有重要意义，如小麦施用锰肥可提高千粒重，豆科作物施用锰肥可提高饱荚率与百粒重。除此之外，据报道，缺锰易患豌豆"杂斑病"、燕麦"灰斑病"等。可溶态的锰肥可以作为基肥和种肥施入土壤，或者用于种子处理或喷施。难溶性锰肥只能施入土壤。螯合态锰则用于喷施。喷施是施用锰肥效果最好的方法。喷施和种子处理都是直接向植物施肥，能够避免土壤对其肥效的影响，有望逐渐取代直接施入土壤。

二、有机肥料

有机肥料是指含有有机物质，既能提供给农作物多种无机养分和有机养分，又能培肥改良土壤的一类肥料。有机肥料由于来源广泛，种类很多，一般可分以下几类：秸秆类，粪尿肥和厩肥类，饼肥、菇渣或糠醛渣类，泥土类，泥炭类和腐殖酸类，海肥类，粉煤灰类，市政有机废弃物类。其特点是含有作物需要的各种养分，但大部分属迟效性，养分浓度低，绝对量大；含有丰富的有机质，施入土壤能改善土壤的生物特性，加速养分的转化和循环；可就地或就近积制和施用，积制技术简单易行。

（一）秸秆类有机肥

秸秆类有机肥含有作物生长必需的无机营养成分，但不同种类秸秆养分含量不同，如豆科作物和油料作物含氮量较多，旱生禾本科秸秆含钾较多，油菜秸秆含硫较多。秸秆内大部分养分需矿化后才能被作物吸收利用。

（二）粪尿肥和厩肥类有机肥

粪尿肥包括人粪尿、家畜粪便、禽类粪便、蚕沙、海鸟粪等。人粪主要含纤维素和半纤维素、脂肪和脂肪酸、蛋白质等，C/N

小，易分解，能快速提供养分。猪粪含纤维素少，C/N较低，分解较慢。牛粪C/N约为21：1，分解比猪粪慢。羊粪C/N约为12：1，粪干燥而细密。海鸟粪以磷为主，含少量有机质和氮、钾。

厩肥是家畜尿、垫料和饲料残屑的混合物经过腐熟而成的肥料。厩肥中的氮、磷大部分呈有机态，当季利用率不高，但肥效持久，宜作基肥施用。

（三）饼肥、菇渣或糠醛渣类有机肥

饼肥是含油较多的种子提取油分后的残渣，我国饼肥主要有大豆饼、菜籽饼、茶籽饼等，饼肥含有机质75%～85%，含氮1.1%～7.0%，含磷0.4%～3.0%，含钾0.9%～2.1%。C/N较小，易于矿化。

菇渣指收获完食用菌后的残留培养基，除了含有有机质、氮、磷、钾外，还含有丰富的微量元素。

糠醛渣是以玉米穗粉碎后加入一定量的稀硫酸在一定温度和压力作用下，发生一系列水解化学反应提取糠醛后排出的废渣，因含有机质和养分，所以也用作肥料。

（四）泥土类有机肥

泥土类有机肥，包括塘泥、湖泥、河泥、老墙土、坑土等。含有丰富的有机质，养分种类齐全，但近年来因为城市的发展，泥土肥可能存在污染物超标的情况，应注意谨慎施用。

（五）泥炭类和腐殖酸类有机肥

泥炭类和腐殖酸类，又称草炭。含有较多的腐殖酸，可用于制造腐殖酸铵、硝基腐殖酸铵、腐殖酸钠等腐殖酸肥料。

（六）海肥类有机肥

海肥指海产品加工的废弃物和一些不能食用的海生动物、植物

及矿物性物质等。可分为动物性、植物性和矿物性海肥3种。动物性海肥中均含有机质，以鱼杂肥和虾蟹肥最多，沤制后才能施用。植物性海肥以藻类为主，矿物性海肥以海泥和卤水为主。

（七）粉煤灰类有机肥

粉煤灰是火电工业的固体废弃物，呈碱性或强碱性，可作为酸性土壤调理剂，含有硅、钙、镁、钾及多种微量元素，可用于制成硅钙肥。

（八）市政有机废弃物类有机肥

市政有机废弃物类有机肥，包括污水、污泥、屠宰场废弃物、垃圾和各种有机废弃物等。为避免污泥中重金属对食物链的污染，一般市政有机废弃物类有机肥只用于园林绿化地。

三、新型肥料

新型肥料是指相对于传统肥料而言的肥料，目前我国主要的新型肥料包括：缓控释肥、稳定性肥料、水溶性肥料、功能型肥料、商品化有机肥、微生物肥料、增值尿素及有机无机复混肥料。新型肥料是时代发展的要求，弥补了传统肥料的不足，具有更高的肥效，更好的经济、环境和社会效益。

（一）缓控释肥

缓控释肥是具有延缓养分释放性能的肥料总称，包括缓释肥料和控释肥料。最大的特点是养分释放与作物吸收同步，简化施肥技术，实现一次性施肥，满足作物整个生长期的需要，肥料损失少，利用率高。

目前，主要采用包膜技术制备缓控释肥，包括聚合物包膜肥料（聚烯烃包膜、聚氨酯包膜、苯丙乳液包膜等）和无机包膜肥料

（硫包衣尿素、钙镁磷肥包尿素等），包膜肥料施入土壤以后，包膜层能够有效控制土壤水分与包膜肥料养分的溶解过程，控制养分透膜扩散速率，从而达到延长养分供应时间的效果；由于聚合物包膜肥料表面包覆了高分子膜层，能有效控制养分透膜释放速率，具有与养分吸收规律同步的供肥功能。

（二）稳定性肥料

稳定性肥料是指经过一定工艺加入脲酶抑制剂和（或）硝化抑制剂，施入土壤后通过脲酶抑制剂抑制尿素的水解，和（或）通过硝化抑制剂抑制铵态氮的硝化，使肥效时间得到延长的一类含氮肥料。常用的脲酶抑制剂包括氢醌、磷酰三胺、邻苯基磷酰二胺等，硝化抑制剂包括西吡、双氰胺、硫脲、甲苯等。

稳定性肥料一次施肥养分有效期可达120天，与普通肥料相比，氮利用率可提高8.7%，增产效果明显，对环境友好。但施用时，离种或根不少于7 cm，且要结合当地种植结构、常规用肥习惯推荐，不宜与常规施用量相差过大，盐碱地和旱地上谨慎施用，容易造成烧根，沙土保水保肥性差，不建议施用稳定性肥料。

（三）水溶性肥料

水溶性肥料是指可以完全溶于、迅速溶解于水的单质化学肥料、多元复合肥料或功能型有机水溶性固体或液体肥料，具有易被作物吸收的特点，可用于灌溉施肥、叶面施肥、无土栽培、浸种蘸根等。与常规肥料相比，具有养分全面、吸收快、利用率高、可用于水肥一体化、施用方便、节省劳力等优点。

水溶性肥料按照剂型可分为水剂和固体，按照肥料组分可分为养分类、植物生长调节剂类、天然物质类、混合类。目前主要作为设施农业的滴灌用肥和叶面喷施用肥。设施农业强调精细的水肥一体化养分供应模式，开发的全水溶性肥料与水调配成设施灌溉用肥，借助灌溉设施以滴灌或喷灌的模式少量、分期供应植物养分。

根据其作用机理和调节功能，可把水溶肥分为营养型和功能型两大类。营养型水溶肥由大量、中量和微量营养元素中的一种或一种以上配制而成，其主要作用是有针对性地提供和补充作物生长所需要的营养。功能型水溶肥是无机营养元素（两种或两种以上）和生物活性物质或其他有益物质混配而成的，既能为作物提供养分，又能改土促根调节作物生长发育等，添加的生物活性物质包括腐殖酸、氨基酸、海藻酸、糖醇、甲壳素等。

（四）功能型肥料

功能型肥料主要指具有一般营养功能以外的新功能肥料，如具有保水、防病、除草、促根、抗倒等功能。

1. 保水型肥料

保水型肥料是集保水与供肥于一体的肥料，可更加方便实现水肥一体化调控。根据养分元素不同，可分为保水氮肥、保水钾肥、保水磷肥和保水复合肥；根据剂型的不同，可分为粒状、粉状和液状。

2. 根际肥料

根际肥料是指可以直接施于根际的肥料。根际肥料包括无土栽培用的营养液及灌溉施用的水溶肥、可与种子直接接触的根际肥、直接施于根区的肥料。根际肥料的基本条件必须具有缓释性，与普通缓释、控释肥料相比，根际肥料的肥料利用率更高。

3. 抗倒伏、防病害肥料

抗倒伏、防病害肥料是指含具有抗倒伏、防病害作用的营养元素的多营养肥料，如传统的钙镁磷肥、硅钙肥、脲硫酸功能性复肥等。

（五）商品化有机肥

商品化有机肥的生产过程就是在人工控制下，在一定的水分、C/N和通风条件下通过微生物的发酵作用，将有机物转变成有机肥的过程。一般根据处理过程中微生物对氧气要求的不同，商品化有机肥处理工艺分为好氧堆肥法和厌氧堆肥法。由于好氧堆肥温度高，可以杀灭病菌、虫卵、杂草，也不会产生难闻的臭气，所以应用较广。

（六）微生物肥料

微生物肥料是指含活性微生物或休眠孢子（如细菌、真菌及藻类等）及其代谢产物的特定制剂，应用于作物生产，具有供应植物养分或促进养分利用的作用，包括增加植物养分和元素的供应量与总量，或刺激植物生长，或促进植物对营养和元素的吸收。微生物肥料包括微生物接种剂、复合微生物肥料和生物有机肥。

1. 微生物接种剂

微生物接种剂是指一种或一种以上的目的微生物经工业化生产增殖后直接使用的，或经浓缩或载体吸附而制成的活菌制品。根据功能不同可分为固氮菌菌剂、根瘤菌菌剂、硅酸盐细菌菌剂、光合细菌菌剂、促生菌剂、有机物料腐熟菌剂、生物修复菌剂等。常见的菌种有木霉菌、乳酸菌、芽孢杆菌、硅酸盐细菌、酵母菌、光合细菌等。

2. 复合微生物肥料

复合微生物肥料指微生物经工业化生产增殖后与营养物质复合而成的活菌制品。与传统的化学肥料相比，复合微生物肥料同时含有有机成分和微生物，兼具二者优点，但也存在养分低、见效慢等不足。常见的复合微生物肥料包括微生物微量元素复合微生物肥料、联合固氮菌复合微生物肥料、固氮菌–根瘤菌–磷细菌–钾细菌复合微生物肥料、有机无机复合微生物肥料及多菌株多营养生物复合肥。

3. 生物有机肥

生物有机肥指目的微生物经工业化增殖后与主要以动植物残体为来源并经无害化处理的有机物料复合而成的活菌制品。施用生物

有机肥不仅能提高土壤有机质含量，其添加或含有的有益微生物还能产生大量活性物质，可调节微生物区系，改善土壤生态，活化难溶性化合物，减少植物病虫害的发生。

（七）增值尿素

增值尿素是指在尿素生产过程中加入腐殖酸、海藻酸和氨基酸等天然活性物质所生产的尿素改性产品。

常见的增值尿素包括海藻酸尿素、氨基酸尿素和腐殖酸尿素。与其他改性肥料相比，增值尿素具有增效微量高效、成本低、工艺简单等优点。施用增值尿素可影响土壤中微生物和酶的活性，延缓养分的转化和释放，减少氨挥发损失，促进作物生长。

（八）有机无机复混肥料

有机无机复混肥料是指将有机物料和化学肥料按照一定比例混合后，采用不同制造工艺加工而成的肥料。

有机无机复混肥料兼具有机肥料和无机肥料的优点，有机无机复混肥料中有机质部分具有分散多孔的结构并含有较多活性官能团，可以通过影响化肥的释放、转化和供应等来调节化肥的养分供应，起到优化化肥养分的效果。在等量养分投入下，与普通化肥相比，有机无机复混肥料利用率提高5～10个百分点。一般有机无机复混肥料作为基肥施用，可沟施、穴施和混施。

第五章 热区施肥技术类型

一、常规施肥技术

施肥技术是将肥料施入各种栽培基质或直接施于作物的一种手段。常规施肥技术需要确定施肥量、施肥时期、施肥方式及养分配比等方面内容。确定合理施肥量是合理施肥的核心问题。合理的施肥量能够达到增产、增效、提高品质的效果。施肥量少，不能充分发挥单位土地面积的增产潜力，施肥效益也不能充分表达；施肥量过高，会对作物产生有害作用，并引发环境问题。

（一）施肥量

施肥量是指某种养分施入栽培土壤或作物上的数量。确定施肥量应当考虑作物种类及品种、产量水平、土壤肥力状况、肥料种类、肥料利用率和经济效益，以及当地气候特征、土壤类型和农业技术等相关农业自然条件。

1. 土壤养分（地力）分级（区）配方法

此方法主要有两个方面：首先根据土壤肥力情况将田块分成若干区或级，或划出一个肥力均等的田块作为 个配方区；然后利用土地普查资料和过去田间试验结果，结合当地群众的实践经验，估算出区或级内比较适宜的肥料种类及施肥量。

此方法的优点是针对性强，提出的用量和措施接近当地经验，比较简单粗放，群众易于接受，推广阻力小，便于应用，英国、美国、印度、俄罗斯等至今仍广泛采用此法。但此方法具有一定的地区局限性，依赖于丰富经验，适用于生产水平差异小、基础较差的

地区，也适用于地力差异小的大型农场。在推广过程中，此方法必须结合试验示范，逐步增大科学测试手段和指导的比重。

2. 目标产量配方法

目标产量配方法是根据作物产量的构成，由土壤和肥料两个方面供给养分原理来计算施肥量。目标产量确定以后，通过计算作物需要吸收多少养分来施用肥料。目前有以下两种方法。

（1）养分均衡法。基本原理是以实现目标产量所需养分量与土壤供养分量的差额作为计算施肥量（单位kg/亩）的依据，可按下列公式计算：

$$肥料需要量 = \frac{目标产量 \times 单位产量养分吸收量 - 土壤养分测定值 \times 0.15 \times 土壤养分利用系数}{肥料养分含量（\%）\times 肥料当季利用率（\%）}$$

注：①目标产量一般是在当地前3年作物平均产量（单位kg/亩）的基础上再增加10%～15%，而作物单位产量养分吸收量（单位kg/kg）可参考文献资料。

②土壤供养分量的计算。土壤养分利用系数，贫瘠的土壤取>1，肥沃的土壤取<1，一般选择0.3；0.15是每亩土壤养分换算系数，表示1 mg/kg土壤养分在每亩土壤中所含有的养分量（kg）。

③肥料当季利用率，一般为当地氮、磷、钾养分的利用率。

④该方法计算的施肥量为化肥施用量，有机肥的养分含量不包含在内，因此，确定作物施肥量时应当将有机肥养分扣除，否则化肥用量偏高。

此方法优点是概念清楚，容易掌握。缺点是由于土壤缓冲性能导致土壤养分处于动态平衡状态，因此，土壤养分测定值是一个相对值，需要通过试验，取得"土壤养分利用系数"才能计算出"土壤供肥量"。

（2）地力差减法。原理为作物在不施肥的情况下获得产量所吸收的养分全部由土壤供给，即为该土壤的肥力。施肥后，作物达到一定的产量，其单位面积施肥量的计算公式为：

$$单位面积施肥量 = \frac{作物单位产量养分吸收量 \times（目标产量 - 空白产量）}{肥料养分含量（\%）\times 肥料利用率（\%）}$$

土壤供肥量是以不施肥区的作物产量计算：

$$土壤供肥量 = \frac{无肥区作物产量}{100} \times 形成100 kg经济产量所需养分（kg）$$

此方法优点是不需要进行土壤测试，避免了养分均衡法的缺点，但空白（无肥区）作物产量不能预先获得，造成了推广困难。另外，空白作物产量是构成产量的诸多因素的综合反映，不能代表土壤若干养分的丰缺值，只能以作物养分吸收量来计算肥料需求量。当土壤肥力越高，作物吸收土壤养分越多时，计算肥料需求量就越小，可能会出现剥削地力的情况。

3. 田间试验法

田间试验法就是选择有代表性的土壤，在一定的气候和栽培条件下，分别进行田间施肥量试验（施肥量水平一般应在5个以上），通过数据整理确定施肥量与产量的关系（肥料效应方程），并且计算出经济效益最佳的施肥量、最大利用率施肥量、最高产量施肥量和最优产投比的施肥量等，主要有以下两种方法。

（1）养分丰缺指标法。利用土壤养分测定值和作物吸收土壤养分之间存在的相关性，对不同作物进行田间试验，将土壤测定值以一定的级差分等，制成养分丰缺及对应的施肥量检索表。取得土壤养分测定值，就可以对照检索表按级确定施肥量。

此方法的优点是直观性强，确定施肥量简捷方便，缺点是施肥量检索表需要30个以上不同土壤肥力水平试验获得，精确度较差。由于土壤理化性质的差异，土壤氮的测定值与产量之间的相关性很差，仅可用于磷、钾和部分中微量元素施肥量的确定。

（2）肥料效应函数法。是以田间试验为基础，一般采用单因素或二因素多水平试验设计，将采用不同处理方式得到的产量进行数理统计，求得在供试条件下产量与施肥量之间的关系（或称肥料效应方程），从而计算出最大施肥量、最佳施肥量，以作为配方施肥决策的重要依据。

肥料效应函数法基于大量的田间试验，所获资料能客观地反映具体条件下的肥料效应，具有较好的反馈性（肥料模型符合±10%偏差的吻合标准），便于建立县级计算机施肥咨询系统。此方法缺点是有地区局限性，需要在不同类型土壤上布置多点试验，累积不

同年度的资料，费时较长。

4. 氮、磷、钾比例法

通过一种养分的定量，然后按各种养分之间的比例关系来决定其他养分的肥料用量，例如，以氮定磷定钾，以磷定氮等。通过田间试验（多因子或单因子）得出氮、磷、钾的最适用量，然后计算出三者之间的比例关系，这样就可以确定其中一种养分的定量，再按各养分之间的比例关系，来决定其他养分的肥料用量。根据不同土壤类型和肥力水平，可以制订出氮、磷、钾适宜的配方表，使农民易于掌握运用。

此方法优点是易为群众所掌握，推广起来比较方便、迅速；缺点是存在地区和时效的局限性。特别要注意的是，不要把作物吸收氮、磷、钾的比例与作物应施氮、磷、钾的比例混淆起来。

（二）施肥时期

对于大多数一年生或多年生作物来说，施肥时期一般分为施基肥、施种肥、施追肥3个时期。

1. 基肥

基肥习惯上又称为底肥，它是指在播种（或移栽）前结合土壤耕作施入的肥料。而对于多年生作物，一般把秋冬季施入的肥料称作基肥。基肥的主要作用：一是培肥和改良土壤；二是为作物整个生育期创造良好的土壤养分条件，满足植物营养连续性的需求。

基肥的施用原则主要有：

（1）结合深耕施肥。将应施的肥料结合深耕施在根系集中分布的区域及经常保持湿润状态的土层中，以利于做到土肥相融，起到培肥土壤和供给作物所需养分的作用。为了适应作物根系不断伸长及其对养分的吸收，应先把迟效性肥料施于土壤耕层的中、下部，再把速效性肥料施在上部，做到分层施肥，缓效与速效相结合。

（2）集中施用。对于肥料用量较少，或者根据肥料特性和作物的要求，为了提高肥效，往往采用开沟条施或穴施等方法，将少量的肥料集中施在作物播种行内或播种穴中，果树、林木等多用穴施或环状、放射状施肥。磷肥与有机肥料混合并集中施用，可以减少与土壤的接触面积，防止磷被土壤固定，从而提高磷的有效性。

（3）多种肥料混合施用。为保证作物在整个生育期内不断得到营养，基肥最好采用多种肥料混合施用的方法，特别是有机肥料与商品化肥（包括复合肥和微肥）相结合，这样既可同时供给多种有效元素，使它们相互取长补短，肥效保持平稳持久，又可减少施肥次数，提高劳动效率，节约经费开支。

2. 种肥

种肥是指在作物播种或移栽时施于距种子或秧苗比较近的肥料。种肥的作用是解决苗期营养不足问题，其特点是用量少，见效快。对肥力较低的农田，种肥是一种经济有效的施肥方式。不是所有的化肥都可以作种肥，也不是各类土壤都要施种肥。一般肥地养分含量高，施种肥的效果不如瘦地好。在机施的情况下，用专用型复混肥作种肥时一定要做到"肥种分沟"，以免烧苗。

种肥的优越性有以下三点：①用肥量少。种肥用量不宜过多，因为种肥是直接与种子接触的。②有利于壮苗、早发。种肥施入后增加了根系周围速效养分的浓度，可以满足幼苗生长需要，促进根系发育。③可以弥补种子胚乳贮藏少的缺陷。

种肥可施于播种沟内或穴内，也可以覆盖在种子或块根、块茎的上面。常用作种肥的肥料有腐熟的有机肥料，腐殖酸，氨基酸固体、液体肥，微生物肥料，速效性化肥。碳酸氢铵、氯化铵、尿素原则上不宜作种肥。尿素中的缩二脲对种子有毒害作用，若用作种肥，要严格控制用量和选用缩二脲≤0.9%的尿素，每亩用量2.5 kg。速效氮肥每亩用量2.5～5 kg；磷铵或三元素复合肥每亩用量2.5～5 kg；腐殖酸、氨基酸类液体肥稀释600～800倍；微肥一般稀释浓度0.1%～0.05%。

3. 追肥

追肥是指在植物生长期间为补充和调节植物营养而施用的肥料。施追肥的主要目的是补充基肥的不足和满足植物中后期的营养需求。追肥量一般约占作物全生育期总施肥量的1/3甚至更多。追肥施用比较灵活，要根据作物生长的不同时期所表现出来的元素缺乏症，对症追肥。

追施方法目前有以下几种：

（1）直接撒施。作物在浇水后或下雨后，趁田间墒情适宜，在能下田时将肥料直接撒施于作物的株行间。此方法优点是简单省事，缺点是一部分肥料会挥发损失。尤其是碳酸氢铵挥发性强，不能用此方法。硫酸铵、尿素和硫酸钾虽然可以撒施，但只有在田间操作不方便、作物需肥又较急的情况下选用。

（2）深埋施肥。在作物株间、行间开沟挖坑，将肥料施入，再覆盖土壤。此方法肥料浪费少、经济，但劳动量大、费工且操作不太方便。深埋施肥要求主要埋肥的沟、坑不能离根太近，在作物生长旺盛、需水较多的夏季不宜采用，在作物的需水临界期更不能采用。一般在劳动力充足、作物生长量不大时可采用此法，让埋入土壤的肥料逐步分解，不断供给作物营养。但在实际生产中，深埋施肥法也常在温度较高时采用，但在埋施后需要浇水，降低肥料浓度。

（3）随水浇施。在给作物浇水时，将肥料随水施入作物根系周围的土壤内。此方法优点是简单、省工省时省力，缺点是易造成肥料的浪费、流失，使肥料养分达不到作物根系的深层。在肥源充足、种植面积大、劳动力矛盾突出、作物大面积出现严重缺肥症状时可采用此方法。

（4）根外追肥。根外追肥就是叶面喷肥。生产上常结合喷药，进行叶面追肥，以补充作物养分的不足。该方法用量少、肥效快，又可避免肥料中的有效成分被土壤固定，是一种经济有效的施肥方法。在营养元素明显缺乏和作物生长后期根系衰老的情况下施用，更能显示其作用效果。作物生长发育所需的基本营养元素主要来自基肥和其他方式追施的肥料，根外追肥只能作为一种辅助措施。

（5）设施追施。近年来，滴灌技术广泛应用，施肥自动化渐渐普及。在水源进入滴灌主管的部位安装施肥器，在施肥器中将肥料溶解，把滴灌主管插入施肥器的吸入管过滤嘴，肥料即可随浇水自动进入作物根系周围的土壤中。此方法优点是肥料几乎不挥发，无损失，施肥安全，省工省力，效果很好。这是目前较科学，具有极大发展前景的追肥方法，但因其前期的高投入造成目前难以大面积推广应用。

氮钾肥及微量元素肥是常见的追肥品种。追肥可以土施也可以喷施，土施容易造成机械伤害，而喷施适用于紧急缺素状况，供应养分快，但供应量不足，因此，多用于需求量较小的微量元素的施用。在农业生产中，通常采用基肥、种肥和追肥相结合。

（三）施肥方式

1. 撒施

撒施是将肥料均匀撒布于土壤中。撒施可以深施，也可表施（浅施）。肥料作基肥（特别是有机肥料）或作密植作物追肥时常用此方式。作基肥施用的氮肥或腐熟的有机肥料应随耕耙整地而施，把肥料翻入土壤中，防止氮素损失，提高氮肥利用率。作物植物密度较大、根系遍布耕层，追肥用量又多的情况下也常采用此法，要求撒施均匀，并与中耕、除草和排灌水相结合。为了减少肥料损失，撒施后应及时浇水，使肥料尽快溶解渗入土中，充分发挥肥料作用。

撒施的优点是简单易操作，土壤各部位都有养分被作物吸收；缺点是肥料利用率不高，磷肥与土壤过多接触，容易被固定而降低肥效，肥料用量较大而造成经济效益差。

热区科学施肥技术

2. 沟施

沟施也称为条施，适宜于点播、条播及需定植的作物，在作物行间靠近作物的根部开肥料沟，均匀施入肥料，并覆土。此施肥方法适用于下列情况：一些容易被土壤固定的肥料，如磷肥；肥料用量少；作物间距较大；作物根系发育较差，而土壤肥力较低。采用此施肥方法的肥料施入土壤后，接近作物根系，容易被吸收利用，肥料利用率较高；肥料与土壤接触面小，营养元素被固定的程度低，有效时间比撒施长。果树多采用沟施方法进行施肥，常见的施肥方法有：

（1）环状施肥法。又称为轮状施肥，按树冠大小，以主干为中心挖环状沟，半径为树的滴水线，沟的深度依根系分布深浅而定，一般沟深20～40 cm、宽30～40 cm，放入肥料后再覆土。操作简便，用肥经济，适用于施肥量少的情况、干旱季节、幼树或结果树。

（2）放射沟施肥法。以树冠垂直投影外缘为沟的中心，以树干为轴，顺水平根生长方向呈放射状挖5～8条施肥沟，沟宽30～50 cm、深20～40 cm，将肥施入。为避免大根被切断，应内浅外深。可隔年或隔次更换位置，并逐年扩大施肥面积，以扩大根系吸收范围。

（3）条沟状施肥法。以树主干为中心，在树冠外沿相对两侧开沟，沟宽40～50 cm、深20～40 cm，沟长随树冠大小而定。第2年挖沟位置可调换到另外两侧。此施肥方法常用于成树。

（4）盘状沟施肥法。以树主干为中心，滴水线为半径的圆上挖4～6个30 cm宽的坑，然后将肥均匀撒入坑内，然后覆土填平。此施肥方法经常用于幼树。

3. 穴施

穴施亦称为"点施"。指在播种前结合整地作畦开穴，将肥料施入其中后覆土。将基肥放入按行距和株距挖的穴内，或将追肥施在离作物根较近的地方挖的小穴内。穴施方法适用于点播或移栽作物，如玉米、豇豆、番茄等。穴施一般比条施更能使肥料集中施用，也比较节肥。穴施一般穴深5～10 cm，施肥后覆土，为了避免穴内浓度较高的肥料伤害作物根系，穴施肥料应采用有机肥或生物菌肥等，最好不选择复合肥等化肥；采用穴施的有机肥必须预先充分腐熟，化肥适量，推荐的施肥方法是将有机肥/厩肥与化肥先混合，再施入穴中，可以有效防止作物根系被肥料烧伤。定植前提前将肥料施入定植穴，应将肥料与土壤充分混合，以免肥料与根系直接接触，出现肥害。果树采用穴施，即在树冠外围滴水线外，每隔50 cm左右环状挖穴3～5个，直径30 cm左右，深20～30 cm。此法多用于追肥，如施液态氮、磷、钾肥或人粪尿、沼气肥液等，以减少与土壤的接触面，免于被土壤固定。

4. 根外施肥

根外施肥也称为叶面营养，是指在作物生长期间，用水溶性肥料的液体直接喷施在叶面上以供植物叶片吸收营养物质，补充植物需要的营养元素，起到调节植物生长、补充所缺元素、防早衰及提高产量和质量的作用的一种方法。植物主要通过根系吸收养分，但也可通过叶片吸收少量养分，一般不超过植物吸收养分总量的5%。溶于水中的营养物质喷施于叶面后，主要通过气孔，也可通过湿润的外侧角质层裂缝进入细胞内。根外施肥在作物生长后期根系活力降低、吸肥能力减弱时效果比较好，但是在植物生长的其他时期也可进行根外施肥。

根外施肥方法简单，肥料利用率高，肥效快，易快速被植株吸收，生产上广泛用于保花保果、促进花芽分化和缺素症矫治等。用于根外施肥的肥料要求易溶于水，能被叶片迅速吸收。用作根外施肥效果好的肥料有尿素、磷酸二氢钾、硝酸钾、硫酸钾、硫酸铵，过磷酸钙和草木灰的浸出液，偏磷酸铵及大部分微量元素肥料等。另外，虽然根外施肥有诸多优点，但是施肥量有限，叶面的吸肥力也不如根部，因此，它不能替代作物的根部追肥，只能作为应急或补救措施，加以补充应用。

二、科学施肥新技术

目前我国化肥施用量居世界首位，科学管理土壤养分，合理而科学地施用肥料是农业高产、稳产、优质、低成本、减少肥料污染、提高肥料利用率的前提。应用现代先进的技术和方法充分了解土壤养分的变化情况，用精准农业技术管理土壤养分，实施施肥的定量化、机械化、科学化，可最大限度发挥肥料的效益。现代施肥技术有测土配方施肥、水肥一体化、精准施肥技术等。

科学施用肥料首先要以四个施肥理论（养分归还学说、最小养分利用率学说、报酬递减率学说、因子综合作用学说）为基础，以高产、优质、高效、无污染、改良培肥土壤为目标，不仅要根据肥料的性质、作物营养的特点，而且要考虑土壤肥力、栽培制度（地膜覆盖下的科学施肥、不同轮作制度和间作套种的科学施肥）、灌溉与施肥相结合等因素。

科学施肥主要有三条原则：一是有机与无机相结合。土壤有机质是土壤肥沃程度的重要指标。增施有机肥料可以增加土壤有机质含量，改善土壤物理、化学和生物性状，提高土壤保水保肥能力，增强土壤微生物的活性，提高化肥利用率。二是大量、中量、微量元素配合。各种营养元素的配合是配方施肥的重要内容，随着产量的不断提高，在耕地高度集约利用情况下，必须强调氮、磷、钾肥的相互配合，并补充必要的中、微量元素，才能高产稳产。三是用地与养地相结合，投入与产出相平衡。要使作物-土壤-肥料形成物质和能量的良性循环，必须坚持用养结合，投入产出相平衡，避免土壤肥力下降。

（一）测土配方施肥技术

1. 测土配方施肥概念

测土配方施肥是以土壤测试和肥料田间试验为基础，根据作物需肥规律、土壤供肥性能和肥料效应，在合理施用有机肥料的基础上，提出氮、磷、钾及中量、微量等肥料的施用品种、数量、施肥时期和施肥方法。测土配方施肥技术的核心是调节和解决作物需肥与土壤供肥之间的矛盾。同时有针对性地补充作物所需的营养元素，作物缺什么元素就补充什么元素，需要多少补多少，实现各种养分平衡供应，满足作物的需要；达到提高肥料利用率和减少用量，提高作物产量，改善农产品品质，节省劳力，节支增收的目的。

实施测土配方施肥是促进农业增产、农民增收的重要措施，是提高农产品品质、增强农业竞争力的重要环节，是发展循环经济、建设节约型社会的重大行为，是加强农业综合生产能力的基本措施，是降低生产成本、促进农民节本增收的重要途径。

2. 测土配方施肥内容

测土配方施肥是一项庞大的系统工程，按照公益性环节国家支持、经营性环节市场运作的总体思路，围绕"测土、配方、配肥、供应、施肥指导"五个环节，开展相关工作。

（1）土壤样品的采集与制备是进行测土配方施肥的工作基础，选择有代表性的经济作物种植地块进行采样，并根据不同分析项目采用相应的采样方法和样品处理方法，做好土壤样品制备和保存，避免样品被污损，完成测土配方施肥的关键步骤。

（2）土壤测试是制订肥料配方的重要依据之一，即选择当地适合种植经济作物的土壤、经济作物生产的土壤测试项目和测定方法，完成土壤样品的测试。随着我国种植业结构的不断调整，高产作物品种不断涌现，施肥结构和数量发生了很大的变化，土壤养分库也发生了明显改变。因此，通过开展土壤氮、磷、钾及中微量元素养分测试，了解土壤供肥能力状况，对于作物测土配方施肥来说相当重要。

（3）田间试验是获得各种作物最佳施肥量、施肥时期、施肥方法的主要途径，也是筛选、验证土壤养分测试技术，建立施肥指

标体系的基本环节。通过田间试验，不仅能摸清土壤养分校正系数、土壤供肥量、农作物需肥参数和肥料利用率等基本参数，还能掌握各个施肥单元不同作物的优化施肥量，基肥、追肥分配比例，施肥时期和施肥方法，从而构建作物施肥模型，为构建科学施肥配方提供依据。

（4）肥料配方设计是测土配方施肥工作的核心。根据气候、地貌、土壤、耕作制度等相似性和差异性，基于田块的肥料配方设计首先确定氮、磷、钾养分的用量，然后确定相应的肥料组合，通过提供配方肥料或发放配肥的通知单，指导农民使用。肥料用量的确定方法主要包括土壤与植物测试推荐施肥方法、肥料效应函数法、土壤养分丰缺指标法和养分平衡法。

（5）为保证肥料配方的准确性，最大限度地减少配方肥料批量生产和大面积应用的风险，在每个施肥分区单元设置检验试验，即配方施肥、农户习惯施肥、空白施肥（不施肥）3个处理，以当地种植的主栽经济作物种类或品种为研究对象，对比配方施肥的增产效果，校验施肥参数，验证并完善各种经济作物配方施肥方案。

（6）配方肥落实到农户田间是提高和普及测土配方施肥技术的关键环节。目前主要的也是具有市场前景的运作模式就是科技化引导、市场化运作、工厂化加工、网络化经营。这种模式适应我国农村农民科技水平低、土地经营规模小、技物分离的现状。

（7）为了保证测土配方施肥技术能真正落实到经济作物主产区农户的田间地头，既要解决测土配方施肥技术市场化运作的难题，又要让广大农民亲眼看到实际效果和得到实惠，应建立测土配方施肥示范区，树立样板，全面展示测土配方施肥技术的效果。

（8）测土配方施肥技术宣传培训是提高农民科学施肥意识、改变盲目施肥旧习、普及技术的重要手段。结合当地实际情况，开展各种形式的技术培训，培养经济作物主产区基层科技骨干，及时向农民传授测土配方施肥技术，同时还要加强对各级科技人员、肥料生产企业和营销商的系统培训，建立和健全经济作物科技人员和肥料经销商的配套科技服务体系。

（9）农民是测土配方施肥技术的执行者和落实者，也是受益者。需检验测土配方施肥的实际效果，及时获得农民的反馈信息，不断完善管理体系、技术体系和服务体系。同时，为科学地评价测土配方施肥的实际效果，必须对一定的区域进行动态调查。

（10）技术创新是保证测土配方施肥工作长效性的科技支撑。不断进行田间校验研究、土壤养分测试和田间营养诊断技术、肥料配制、数据处理方法等方面的创新研究，不断提升测土配方施肥技术水平。

（二）水肥一体化

水肥一体化也叫作肥水灌溉、管道施肥、灌溉施肥、随水施肥、水肥耦合、加肥灌溉。广义上来讲，水肥一体化是将肥料溶解后施用，包括淋施、浇施、喷施、管道施用等，即水肥同时供应作物需要。狭义上来讲，水肥一体化是利用管道灌溉系统，将肥料溶解在水中，同时进行灌溉与施肥，适时、适量地满足农作物对水分和养分的需求，实现水肥同步管理和高效利用的节水农业技术。水肥一体化的前提是将肥料溶解，然后通过各种方式施用。如叶面喷施、挑担淋施和浇施、拖管淋施、喷灌施用、微喷灌施用（南方最普及）、滴灌施用、树干注射施用等。其中，滴灌施肥效果最好，最节省肥料。

水肥一体化实现了水肥管理的革命性转变，实现了渠道输水向管道输水转变，实现了浇地向浇庄稼转变，实现了土壤施肥向作物施肥转变，实现了水肥分开向水肥一体转变，实现了水肥增产增效优势集中体现。水肥一体化满足植物的不同生长期所需的各种养分，增强作物的抗逆性。作物均衡吸收各种营养元素，可显著增加作物产量，并提高农产品品质。水肥供应可加快作物生长，使作物提前进入结果期或提早采收。采用水肥一体化，直接把作物所需要的肥料随水均匀地输送到植株的根部，作物"细酌慢饮"，大幅

度地提高了水肥的利用率，一般可减少40%～50%的肥料用量，水量节约50%。肥料施在较干的表土层易造成铵态和尿素态氮的挥发损失，用水肥一体化技术可以最大化地利用氮元素，减少硝态氮的淋失，减少因肥料流失造成的水体富营养化问题。水肥一体化可根据气候、土壤特性、各种作物在不同生长发育阶段的营养特点，灵活地调节供应养分的种类、比例及数量等，满足作物高产优质的需要。因此，水肥一体化因节水、省肥、省工、高产、优质、高效、环保等优点成为现代农业技术的重要组成部分，在发达国家的农业生产中得到广泛应用。

水肥一体化技术的起源可以追溯到公元前。公元前400年，在雅典人们用城市下水道的污水对菜园和柑橘园进行灌溉施肥，是灌溉施肥的最初形式。现在形式的水肥一体化技术起源于无土栽培（营养液栽培）。18世纪末，英国人将植物种在土壤的提取液中，是最早的水肥一体化栽培。美国1931年建成了第1个滴灌系统，于1934年开展滴灌试验。到20世纪50年代后期，以色列成功研制出长流管式滴头，解决了长期以来的滴头问题。20世纪60年代，以色列开始运用水肥一体化技术，1964年，建立全国输水系统用于灌溉施肥，1980年，加入计算机控制技术，现在90%以上的农作物通过灌溉系统施肥。在20世纪70年代，由于便宜的塑料管道大量生产，极大地促进了细流灌溉的发展，推动了细流灌或微灌系统包括滴灌、微喷雾灌及微喷灌等技术的进步，在过去的40多年里，水肥一体化工程技术在全世界迅猛发展。自20世纪80年代开始，我国开始注重水肥一体化的试验、示范和推广，特别是到了90年代中后期，水肥一体化开始受到重视，在全国范围内进行推广。

我国目前水肥一体化技术可以分为低级形式和高级形式。水肥一体化低级形式即将肥料溶解于水，进行人工淋施、浇施或冲施。起源无法考证，推广氮肥时就已开始，面积现在无法计算，其特点是简单、实用、费工。水肥一体化高级形式即肥料溶解后，通过灌溉管道带到田间，实现了"施肥不下田、轻松又省钱"。此水肥一体化模式开始于20世纪90年代，最早应用于北方大棚蔬菜滴灌及新疆棉花膜下滴灌。目前应用面积超过2 500万亩。目前主要应用于棉花、蔬菜、水果、玉米、马铃薯、花卉等。水肥一体化技术目前主要有滴灌水肥一体化技术、喷灌水肥一体化技术、微喷灌水肥一体化技术、膜下滴灌水肥一体化技术及集雨补灌水肥一体化技术，其中以前三种水肥一体化技术在热区比较常见。

（三）精准施肥技术

　　"精准施肥"的概念来源于精准农业。精准农业是在基于现代信息技术（RS，GIS，GPS）、作物栽培管理技术、农业工程装备技术等一系列高新技术的基础上，根据空间变异定位、定时、定量地实施一整套现代化农事操作技术与管理模式，以实现农业大面积高产、高效、低成本和优化资源组合为目标的综合技术。目前，精准农业核心思想是获取农田小区作物产量和影响作物生产的环境因素（如土壤结构、土壤肥力、地形、气候、病虫草害等）实际存在的空间和时间差异信息，分析影响小区产量差异的原因，采取技术上可行、经济上有效的调控措施，改变传统农业大面积、大样本平均投入的资源浪费做法，对作物栽培管理实施定位，按需变量投入已涉及施肥、精量播种、作物病虫害防治、杂草防除和水分管理等农业生产的多个环节。而从研究和应用的广泛性上讲，又以精准农业土壤养分信息化管理系统和自动变量施肥技术（以下简称精准施肥技术）最为成熟。

　　精确施肥是将不同空间单元的农作物产量数据与其他多层数据（土壤理化性质、病虫草害、气候等）的叠合分析作为依据，采用作物生长模型、作物营养专家系统作为支持，以高产、优质、环保为目的的变量处方施肥理论和技术。采用精准施肥技术，可实现在每一个操作单元上因土壤、因作物预计产量的差异而按需施肥，极大地提高了肥料利用率，减少肥料的浪费及多余肥料造成的环境负效应。按作物生长期可分为基肥精施和追肥精施，按施肥方式可分

为耕施和撒施。按精施的时间性分为实时精施和时后精施。

精准施肥技术的实施有以下主要技术要点:

(1)采集和分析土壤养分。在开展精准施肥的种植区内,选点采集土壤农化样,化验分析并汇总有关数据,建立土壤类型及性状数据库。

(2)研究土壤施肥增产效应。根据小区多年施肥种植试验,研究土壤养分与施肥变量之间的产量变化关系,绘制有关土壤养分与施肥增产效益函数图,确认相关函数,获取施肥参数。

(3)拟定作物目标产量和需肥比例。根据生产要求拟定作物产量,再根据产量推算作物营养总需求量、土壤可能供给养分量和施肥量及比例。

(4)配制肥料。根据确定的地点和具体的作物目标产量,参照一季作物总施肥量及比例,选取合适的单质化肥,混配生产专用颗粒掺混肥。

(5)确定施肥时期、地点和施用量。在土壤养分变化一致的某一种植小区,选用某种含量、比例、配方一定的肥料。并根据作物生长需肥规律,合理确定施肥时期、施用量和施肥方法。

(6)记载作物生长及产量变化情况。指导农民大田施肥,定点观察和记载施肥后作物生长情况。最后选取有代表性的小区,称量农作物收获物,采集和化验土壤样品,绘制施肥与产量变化图。运用现代信息技术和手段,连续记载并叠加分析土壤养分、田间投入、农业操作和产量的大量信息,逐步完善并建立土壤养分信息化管理系统。

第六章　热区施肥存在的问题

一、热区施肥现状

　　肥料是作物的"粮食"，在作物生产中发挥着不可替代的支撑作用。与此同时，为了实现高产目标，我国农业发展已经在很大程度上依赖化肥的施用，化肥用量已经较高，加上使用不合理等问题，肥料的不科学管理已经对环境产生了不良影响，尤其是热区，施肥问题表现得更加突出。我国热区土地基础肥力差、经营分散、复种指数大、倒茬时间紧，科学施肥有特殊的难度，生产上施肥存在许多不合理之处，施肥方法也有待进一步改进。

（一）肥料施用不合理

　　我国热区作物肥料施用过程中，施用过量与不足现象同时存在。如海南、云南、广西等地的南菜北运蔬菜基地，因常年种植蔬菜，土壤连作障碍严重，为了保障产量，蔬菜化肥施用普遍过量；而木薯、椰子等作物的生产管理十分粗放，农民受传统重种轻养的思想影响，不施肥或很少施肥。此外，农户施肥用量受农产品市场行情影响较大，当市场行情走俏时，农户加大施肥量，当市场行情低迷时，农户种植热情降低，施肥量也随之减少。过量施肥不仅使投入成本提高、肥料利用效率下降，还会导致土壤酸化、面源污染、温室气体排放等环境质量问题；施肥不足又造成作物产量潜力无法发挥。

　　化肥使用不合理还表现在重大量元素肥料，轻中微量元素肥料，重化肥，轻有机肥。肥料的投入比例与作物实际需求相差较

大，肥料利用率和贡献率逐年下降。长期大量施用化肥，容易导致土壤酸化、板结等，而施用有机肥可培肥土壤。有机肥料除供给作物所需的营养元素、改善土壤理化性状、提高土壤保水保肥能力外，还可提高土壤生物化学活性，如提高土壤酶的活性、增加土壤微生物总量等。随着农业生产集约化程度加强，农村有机肥源日益萎缩，商业化有机肥价格偏高，加上农民的施肥习惯，有机肥在生产中的施用比例较低，主要靠施用化肥维持生产，从而加剧了土壤物理性质的恶化，降低了土壤的保水保肥性能，减弱了对自然灾害的抵抗能力；加上热区土壤多为旱薄地，成土条件恶劣，土层浅、结构差、肥力低，导致土壤越种越贫瘠。

（二）施肥方法有待改进

热区施肥方法存在的问题主要表现为施肥方式不科学。施肥过程中普遍存在浅施、表施和撒施等现象，造成肥料易挥发或损失，最终导致肥料利用率低下，施肥成本增加。随着农村劳动力数量减少及劳动力成本大幅上升，施肥方法正逐渐向轻简化、高效化方向发展，但在农业生产中发挥作用的高效施肥技术，如一次性施肥技术、水肥一体化技术等普及率还较低。

一次性施肥技术是以作物专用控释肥料为支撑，与农业机械同步实施，同时可将传统多次施肥习惯进行简化，实现大幅节省劳动力成本。控释肥料具有传统速效肥不可比拟的优势。依托新型肥料为载体的施肥技术不仅能简化施肥过程，而且还能提高肥料利用率，降低施肥量。但由于控释肥料的市场价格相对较高，该技术使用成本相对昂贵，难以为广大农民所接受，现主要应用于园艺等，在农作物上的普遍推广还较少。

水肥一体化是实现水肥同步管理和水肥高效利用的农业技术。与传统方式相比，水肥一体化技术可减少肥料挥发、固定及淋洗的损失，肥料利用率可提高30%～50%，水分利用率可提高40%～60%。由于利用设备进行水肥一体化管理，可以节省大量的劳动力。近年来大面积示范表明，粮食作物应用膜下滴灌技术单产可提高20%～50%，最高增加1倍；水果作物可节约肥料30%以上，产量可增加20%以上，随着水肥一体化技术的推广应用，果树的产量呈逐年上升趋势。但是，在使用水肥一体化技术上仍存在着很多问题，诸如不同作物水肥一体化使用比率不同，一些经济价值高的作物，如火龙果、葡萄等果树，使用水肥一体化技术的比率较高，而经济效益稍低的瓜菜、粮食及油料作物，使用水肥一体化技术的比率较低。此外，水肥一体化设备自动化水平普遍较低，农民缺乏正确的技术指导及盲目使用肥料的现象也非常普遍。

二、常见施肥误区

农业生产过程中不合理施肥的现象普遍存在，主要表现为以下几个方面。

1. 偏施化肥，轻施有机肥

由于缺乏科学施肥的知识与技术，在施肥过程中，多数农民会认为肥料施加越多则作物长势越好，因而他们时常会随意加大肥料施用量，导致过量施肥现象普遍发生。此外，农户施肥偏爱施用复合肥、尿素、氯化钾等化学肥料，往往少施或者不施有机肥，有机肥用量远不能满足作物实际生长的需求标准。化肥连年大量施用和有机肥的缺施加剧了土壤酸化、盐渍化、土壤团粒结构的破坏，从而造成土壤板结、通透性差、微生物群落改变，对农作物生长产生极为不利的影响。

2. 重视大量元素，忽视中微量元素

氮、磷、钾是作物生长过程中必需的大量元素，但有些作物全生育期或某一生长时期对某种中微量元素需求量较大。如土壤缺乏中微量元素，如果不增施中微量元素肥料，则会造成植株畸形、落花落果、产品产量及品质下降等。因此，在施足氮、磷、钾等大量元素的同时，必须针对作物的需肥特性及土壤养分构成情况，配合

施用钙、镁、锌、硼等多种中微量元素，以保证作物的正常生长。

3. 偏爱速溶肥，忽视长效肥

农户在选肥上往往注重眼前效果，认为肥料溶解越快越好，但作物每天都需要吸收养分且吸收量也有限，如果一次性施用速溶性肥料过多，作物也无法完全吸收，容易造成肥料浪费。所以在基肥的选择上，可选择养分释放速度与作物对养分的需求相对应的缓释型肥料。

4. 忽视微生物菌肥

生物肥料通过微生物的生命活动，改善根系营养环境，如转化养分以促进植物吸收养分，分泌激素刺激植物根系生长，抑制有害微生物等。由于一些作物多年连作，土传病害高发，施用生物肥料，对改善土壤现状，防治土传病害，提高作物产量十分必要。但目前生物菌肥由于受气候、温度、土壤酸碱的影响，施用效果不一，农户一般少施或不施微生物菌肥。

5. 集中施肥，忽视多次施肥

多数农户为减少施肥次数，施用底肥时一次用量过大，容易造成氮肥早期流失和磷、钾被土壤所固定。应该采取多次少量的施肥方法，这样既可以保持前期用肥不浪费，又可提高肥料利用率，减少肥料用量。

三、热区土壤状况

热区土壤是在热带生物气候条件下形成的，各种成土条件千差万别，形成了各具特色的土纲、土类、亚类、土种和变种，但是在相同或相似的成土条件和成土过程中，仍然形成一系列相同或相似的土壤性质，这些性质都综合反映在土壤肥力上。现以几个主要的肥力特征介绍热区的土壤状况，其中设施土壤为封闭保护性耕作，受人为扰动影响更严重，该部分也做简单介绍。

（一）土壤肥力现状

我国热区土层深厚、植物繁茂、累积迅速，但是由于雨量多，引起化学元素的大量淋失或迁移，造成植物营养元素的流失和铁、锰元素的累积，加之不合理的耕作制度等人为因素，导致了土壤酸性强、肥力下降、土壤黏重板结等问题。

1. 土壤酸化

我国热区高温高湿的生物气候条件，使土壤矿物质分解彻底，淋溶作用强烈，特别是水溶性盐基离子大量淋失，在土壤溶液中和胶体表面上存在着大量的氢离子和铝离子，使土壤呈酸性或强酸性反应。自然条件下，土壤酸化过程很缓慢。近30年来，土壤酸化加快，主要与大量且不合理施用化肥、长期单一种植和集约化农业生产等有关，特别是不合理施肥。长期不合理施用化肥特别是生理酸性肥料，忽视了有机物料的合理还田，打破了土壤原有的物质循环与平衡，导致盐基饱和度降低，从而致使酸性离子大量累积，土壤pH不断下降。化肥氮是引起土壤酸化的主要因素之一。研究表明，连续20年大量施用氮肥已导致我国南方红壤表层pH明显下降；其中种植粮食作物的土壤下降了0.23个单位，种植经济作物的土壤下降了0.3个单位。

2. 养分供应失衡

我国热区气温较高，雨量充沛，物质生物循环速度较快，淋溶作用强烈，因此，热区土壤有机质含量普遍偏低，有机质含量一般低于3%；土壤全氮大多处丁中轻度贫瘠化水平，土壤全氮含量水平相对较低。据统计，红壤丘陵旱地土壤全氮普遍在0.10%以下，有的甚至低于0.05%。土壤全磷一般在0.13～0.26 g/kg，最低的甚至低于0.05 g/kg，是我国磷素平均含量最低的土区；分布于云南、广东、广西、福建等热区的低山丘陵红壤全磷含量也较低，一般约为0.26 g/kg。我国热区土壤普遍缺钾，且有效性偏低，如海南、广东、云南和广西的砖红壤区，土壤速效钾含量一般在30 mg/kg。我

国热区土壤中微量元素含量，因地带和土壤类型不同而存在较大的差异，但主要表现为大多数土壤缺硼和钼，交换性钙、交换性镁及有效锌的含量也不足。

近年来，由于化肥的长期过量施用，再加上热区复种指数高，土壤利用强度高，长期忽视用养结合，导致热区土壤有机质分解迅速，团粒结构被破坏，土壤微生物区系改变，养分供应失衡，肥料效益降低。根据红壤区的多个长期定位试验的研究结果，橘园种植30年后，表层土壤有机质和全氮含量分别下降了44.7%和39.1%；旱地种植30年后，表层土壤有机质和全氮含量分别下降了56.4%和24.5%。在红壤旱地中，由于投入较低，特别是有机肥用量很少，土壤肥力的主要演变特征是有机质和全氮降低，养分含量总体上有下降趋势。而同时，由于化肥的长期过量施用，农田土壤的速效养分供应能力也发生了很大程度的改变，部分速效养分含量已表现为过量累积。耕地土壤速效磷含量呈显著的增加趋势，部分经济作物耕层土壤速效磷含量表现为过量累积，调研结果表明，福建蔬菜地0～20 cm土壤有效磷含量变化范围为16～162 mg/kg，平均为82 mg/kg，其中有效磷含量＞60 mg/kg的土壤样品占70%。土壤有效钾亏缺有所缓解，对我国南方6省区农田钾素平衡现状和近10年来的发展趋势进行分析，发现其中3个省区钾素盈余，3个省区钾素亏缺，但10年来亏缺程度有所减缓。

（二）热区设施栽培土壤现状

我国热区夏季及早秋持续高温炎热多雨，露天气候难以满足一些园艺及瓜果类作物的生长发育，所以在热区夏秋季广泛应用遮阳、防雨、防虫网覆盖的大棚设施栽培叶菜、瓜果等作物。设施农业极大地提高了农业产量，但与此同时设施农业的高度集约化生产方式也加剧了土壤环境的恶化。由于设施种植中生产者片面追求产量，普遍存在着盲目过量施肥的现象，加之大棚特殊的建造结构，设施种植地常处于半封闭状态，在设施栽培高投入、高产出的生产模式下，随着种植年限的增加，不可避免地造成土壤理化性状和微生物生态环境的变化，使作物生长不良，导致作物减产，制约设施农业的可持续发展。

1. **土壤酸化**

耕层土一旦进入设施栽培过程，会出现明显不同程度的酸化，且随着连作年限的延长，具有明显加重的趋势。研究发现，在云南、江西等地的调查中，建棚前耕层土pH为7.2，连作13年后下降为6.4。与露地土壤相比，设施土壤有高温、高湿、高蒸发、高复种指数、无雨水淋洗及肥料施用量大等特点。设施土壤酸化由多种原因引起，包括有机酸和腐殖酸的产生、过量施用化肥、偏施氮肥等。设施大棚高温、高湿的条件使有机质分解得更快，产生更多的有机酸和腐殖酸。在高复种指数条件下，为了保证作物的质量和产量，偏施或过量施用化肥就成为设施土壤酸化的另一个原因，高蒸发和无雨水淋洗使设施土壤养分易于在土壤表层累积，造成设施土壤表层酸化更严重。

2. **养分失衡**

土壤养分失衡是设施连作土壤质量退化严重的问题。研究表明，设施连作后整体表现为氮、磷、钾盈余，耕层土壤全氮、硝态氮、有效磷、速效钾的含量分别是露地土壤的1.9倍、21.2倍、5.4倍和3.7倍。据统计，我国典型设施栽培生产基地，每年氮、磷、钾养分的平均投入量为4 088 kg/hm^2、3 656 kg/hm^{2}和3 438 kg/hm^2，其中随化肥投入的分别占各养分总量的63%、61%和66%。高强度种植、单一作物连作、养分管理不合理是设施连作土壤养分失衡的主要因素，其中单一作物连作、养分管理不合理表现最为普遍和突出，单一作物连作造成特定养分从土壤中掠夺性输出，再加上不合理的养分管理，造成了土壤植物养分供需失衡。

3. **土壤次生盐渍化**

对于全年性覆盖的塑料温室，土壤终年处于积盐过程，次生盐渍化发生早且盐害严重。调查发现，在云南不同种植年限的设

施土样中，2%的土样达到高度盐渍化，28%达到中度盐渍化，54%达到轻度盐渍化，仅有16%为非盐渍化，耕层土的盐分含量平均达1.76 g/kg，1～3年连作大棚土壤盐分增加了1～2倍，个别达2.5倍。设施栽培长期处于高集约化、高复种指数的生产状态下，化肥和有机肥的年投入量远远高于田间栽培，并超过了作物的实际需要量，从而使得一些未被作物吸收利用的养分及肥料的副成分大量残留于土壤中，成为土壤盐分离子的主要来源。同时大棚薄膜的覆盖不仅阻挡了降水对土壤盐分的自然淋洗，而且提高了棚内和土壤的温度，增加了土壤水分的蒸发，进一步加剧了盐分在土壤表层的累积，从而造成盐分在设施生产初期呈逐年累积趋势。

4. 土传病害

设施连作障碍发生的原因很多，但根本的原因是土壤微生物区系和多样性的失调，有益微生物减少，病原微生物富集，进而引发植物的各种土传病害。单一作物连续种植会形成特殊的土壤环境（如根系分泌物、植株残体腐解物等），使某些微生物（特别是病原微生物）富集，真菌的种类和数量增多，细菌和放线菌等有益菌减少。连作不仅会恶化作物生长的土壤环境，还会降低设施作物的自身抗性。研究表明，按不同浓度外源添加连作产生的自毒物质，均促进了黄瓜、番茄幼苗根系中丙二醛（MDA）的合成。丙二醛对根系活力、线粒体和细胞质膜具有破坏作用，使作物对病原菌的抵抗力明显下降。随着连作年限的增加，作物MDA含量在整个生育期内总体呈上升趋势，最终诱发作物的系统抗性降低。

第七章 果树类作物科学施肥技术

一、大宗果树

（一）香蕉

1. 香蕉需肥特性

香蕉为多年生常绿大型草本植物，生长迅速，产量高，生物量大，生长发育期间需要吸收大量的养分。根据香蕉（以海南新植蕉为例）的生长发育及其吸收养分特点，香蕉整个生长期可划分为四个阶段：

（1）香蕉营养体生长发育阶段，即香蕉的苗期，吸芽萌发出土至抽出大叶之前，即香蕉移栽后的第2～3个月，主要是增大叶面积，形成球茎及根系，由依靠母株供应养分，过渡到从土壤吸取养分。此阶段的生长量占总生物量的5%左右。

（2）营养生长期，从开始抽出大叶至花芽分化前，即移栽后的第4～6个月，是香蕉旺盛生长期，迅速增加叶片数和叶面积，大量累积营养物质为花芽分化打基础。此阶段的生长量占总生物量的20%左右。

（3）孕蕾期，也是香蕉营养体–生殖体共生盛期，即移栽后的第6～8个月，叶柄增粗，叶距变密，假茎增大，此期雌花分化完成，雄花开始分化，花、幼果同时发育，最后新叶生长进入末期，叶面积减少。此阶段的生长量最大，生长量占总生物量的30%～60%。

（4）香蕉果实成熟和营养体衰老阶段，为移栽后的第9～10个

月，雌花、雄花分化完成至果实完熟，此期果实迅速膨大，植株中养分向果实转移，下部叶片很快枯黄，长势减弱并逐步衰老，果实采收后地上部一般要砍掉，由母株地下茎抽生的吸芽延续后代，开始新的生长周期。此阶段的生长量占总生物量的30%～40%。

香蕉是典型的喜钾作物，在整个生育期对钾肥需求量最大，氮次之，磷需求量最小，尤其是抽蕾期，钾的需求量达到最大。钾能促进香蕉坐果、提高果实品质，香蕉需钾量高于其他任何一种果树。钙、镁也是香蕉生长必不可少的中量元素，而且钙和镁的吸收量还大于磷，尤其是在现蕾期到果实膨大期。据华南农业大学肥料与平衡施肥研究室多年的研究，1株香蕉需要吸收氮（N）110 g、磷（P_2O_5）35 g、钾（K_2O）400 g、钙（CaO）61 g、镁（MgO）89 g，每收获1 t香蕉果实平均带走1.6 kg氮、0.44 kg磷、5.75 kg钾、0.25 kg钙、0.41 kg镁。

香蕉生长需肥量大，根系发达但分布浅，对肥料反应较大。氮肥可促进香蕉早开花，增产效果显著。钾肥是合成假茎、叶纤维的必需成分，香蕉需钾肥多，氮肥次之，磷肥少，氮、磷、钾比例为4：1：14。秆高的品种，钾氮比低；秆矮的品种，钾氮比偏高。周年生长前期钾氮比低，后期钾氮比高。香蕉整个生育期吸收氮和钾的能力强，吸收磷的能力较弱。香蕉树体对氮、磷和钾的累积吸收规律表现为生长前期的吸收量小，累积速度慢，中期累积加快，后期又变缓。香蕉生长过程中氮、磷、钾施肥适量且充足时，可促进香蕉早抽蕾，增产效果显著。香蕉各生育阶段吸收的氮、磷、钾比例也存在一定差异，苗期香蕉需钾的比例最低，营养生长期需钾比例增大，从抽蕾期开始至果实生长发育期需钾比例明显增加，并在果实生长发育期达到最大值。

2. 香蕉施肥技术

香蕉的根系主要分布在土表0～20 cm，40～60 cm处有少量根系。施肥后肥料会随着雨水或灌溉淋洗到20 cm，甚至40 cm以下的土层，只有少量养分才能被吸收利用，为了香蕉高产，生产上通常采用多次施肥、大量施肥。香蕉的产量会随施肥量的增加而提高，但是过量施肥及不合理施肥也会导致产量降低。目前，香蕉生产中偏施氮肥的现象仍然普遍存在，氮、磷、钾养分配比不合理，造成营养平衡失调，使产量下降。因此，要做到合理施肥并使香蕉高产、优质，就必须使肥料施用时期及养分配比与香蕉生长需求相匹配。

（1）香蕉常规水肥管理中多采用大水大肥的模式，施肥次数多达20次。生产中常用的施肥方案有三种：①尿素、磷酸二铵（或磷酸一铵）、硫酸钾（或氯化钾）混施；②复合肥、硫酸钾（或氯化钾）混施；③复合肥。现在多将肥料溶于水后，随灌溉水一起施用，肥水浓度1%～2%。

基肥：香蕉基肥多为有机肥和钙镁磷肥（或过磷酸钙），每株施用有机肥用量为1.5～2.5 kg，磷肥150～200 g，若选用钙镁磷肥，后期可考虑不施镁肥。

调苗：肥料种类为尿素与磷酸二氢钾，或是高氮复合肥，种植后约1周开始施用，每5～7天一次，每株浇1.5～2.0 kg，共4～5次，肥水浓度为0.5%～0.8%。

苗期：每株单次肥料用量为尿素50 g、磷酸一铵（或磷酸二铵）25 g、氯化钾25 g，或是复合肥（15-15-15）75 g、氯化钾25 g，或是复合肥（22-8-15）100 g。在香蕉生长6～8片叶、假茎高40～50 cm时开始施用，第1次增施50 g硫酸镁，每10～15天一次，共4～5次。

旺长期：每株单次肥料用量为尿素75 g、磷酸二铵25 g、氯化钾75 g，或是复合肥（15-15-15）200 g、氯化钾25 g，或是复合肥（15-5-25）200 g。在香蕉生长15～18片叶、假茎高130～150 cm时开始施用，每10～15天一次，共4～5次。另外，结合翻大头施用0.5～1.0 kg有机肥。

蕾期：每株单次肥料用量为尿素25 g、磷酸二铵25 g、硫酸钾（或氯化钾）75 g，或是复合肥（12-6-22）125 g、硫酸钾（或氯化钾）25 g，或是复合肥（10-5-30）150 g。在香蕉生长26～28

片叶、假茎高210～230 cm时开始施用，第1次增施100 g硫酸镁和0.5～1.0 kg饼肥，每10～15天一次，共4～5次。

壮果肥：每株单次肥料用量为尿素25 g、硫酸钾（或氯化钾）75 g，或是复合肥（12-6-22）75 g、硫酸钾（或氯化钾）25 g，或是复合肥（10-5-30）100 g。在香蕉抽蕾30%以上时开始施用，每10～15天一次，共1～2次。

另外，根据当地气候和土壤类型，在推荐肥料用量的基础上增减15%左右的用量。

（2）香蕉系列控释配方肥是华南农业大学肥料与平衡施肥研究室综合平衡施肥理论与控释技术研发的产品，具有节肥省工、增产增收的效果。与普通肥料相比，施用控释配方肥可增产10%～15%，提前收获10～15天。控释配方肥施用方法简单，每50～60天施肥一次，追肥4～6次，开沟施用和表施盖土效果相当。前两次最好结合翻小头、翻大头开沟施用，也可以采用半环状法或条状法施于株间。以后几次均采用半环状施肥法，撒于距离蕉头40～60 cm处香蕉株间。控释配方肥在山地和沙土上每株用2～2.25 kg，壤土上为1.5～1.75 kg，留芽蕉苗期施肥量可减少30%～40%。

基肥：香蕉基肥多为有机肥和钙镁磷肥（或过磷酸钙），每株施用有机肥用量为1.5～2.5 kg、磷肥150～200 g，若选用钙镁磷肥，后期可考虑不施镁肥。

调苗：肥料种类为尿素与磷酸二氢钾，或是高氮复合肥，定植后约1周开始施用，每5～7天一次，每株浇1.5～2.0 kg，共4～5次，肥水浓度为0.5%～0.8%。

苗期：每株单次施用400～500 g苗期专用型控释配方肥（22-8-15），在香蕉生长6～8片叶、假茎高40～50 cm时开始施用，同时增施50 g硫酸镁。

旺长期：每株单次施用600～750 g旺长期专用型控释配方肥（15-5-25），在香蕉生长15～18片叶、假茎高130～150 cm时开始施用。

蕾期：每株单次施用450～600 g蕾/果期专用型控释配方肥（10-5-30），在香蕉生长26～30片叶、假茎高210～230 cm时开始施用，同时施用100 g硫酸镁。

壮果期：每株单次施用150～200 g蕾/果期专用型控释配方肥（10-5-30），在抽蕾达50%以上时或施攻蕾肥45～50天后施用。

（二）杧果

1. 杧果需肥特性

杧果实生树的主根粗大、根系发达，养分需求量大。苗期和幼树期根系的水平分布范围常小于冠径，随树龄增长，成年树根系的水平范围扩展超过冠径。深翻施肥能促进侧根生长，增加侧根密度。杧果根没有自然休眠期，年周期中幼树有3次生长高峰。第1次自12月始至翌年2月达高峰，第2次在春梢老熟后至夏梢萌发前，第3次在夏梢老熟后至秋梢萌发前。成年树只有两个明显的生长高峰期，且与枝梢生长交替出现。第1次高峰出现在采实后秋梢萌发期，第2次高峰出现在秋梢成熟后至入冬前。在我国的气候条件下，杧果枝梢每年多在2—3月开始生长，直至11—12月停止，一个单枝每年可抽生枝梢2～5次，幼树更多。杧果枝梢有春梢、夏梢、秋梢和冬梢4种。春梢多在花芽萌发后抽生。夏梢在5—7月连续不断地抽生，但果多或营养不足的树则不抽或少抽。壮树秋梢在8—10月连续抽生1～2批，弱树则少抽。冬梢在11月以后零星抽出。杧果末级梢均可能成为结果母枝。热带和早熟品种花期多在11—12月，南亚热带和中、晚熟种花期常在2—3月。从化芽萌发到初花需20～30天。由于树体营养不足、雨水多、光照少及夏梢旺长等，致使杧果生理落花落果持续时间长且数量大，坐果不稳定。正常年份发育成熟的果实仅占0.1%～0.2%。

杧果对土壤的要求不严格，但其具有根深、常绿和生长量大的特点，宜选择好的园地，以土层深厚、地下水位低（180 cm以下）、排水良好、有机质丰富、质地疏松的沙壤土或冲积壤土为

宜，以微酸性至中性，pH 5.5～7.5时生长良好。杜果生长发育需16种必需的营养元素，从土壤中吸收氮、磷、钾、钙、镁的量较大。据测定，广东生产1 000 kg鲜杜果消耗养分量为氮3.23 kg、磷（P_2O_5）0.85 kg、钾（K_2O）3.82 kg、钙0.289 kg、镁0.196 kg，吸收量最多的是钾，氮次之，其吸收比例为1：0.26：1.18：0.09：0.06。杜果产量越高，修剪程度越重，所需养分越多。随着树龄的增加，吸收养分也随之增加。杜果树不同生育期叶片和果实对各种养分的吸收量也不相同。杜果采果后，植株以营养生长为主，大量吸收养分，累积营养物质，迅速恢复树势。杜果果实生长发育及所需养分规律可分为三个阶段：第1阶段，开花结实至坐果20～25天，为果实缓慢生长期，氮、磷、钾、钙、镁的吸收量分别占养分总吸收量的25%、14%、1%、15%、14%；第2阶段，坐果后26～60天，为果实迅速生长期，对氮、磷、钾、钙、镁的吸收量分别占养分总吸收量的68%、66%、63%、85%、65%，果实迅速膨大；第3阶段，果实又进入缓慢生长期，果实对氮、磷、钾、钙、镁的吸收量分别占养分总吸收量的7%、20%、36%、0%、21%。由此可见，果实生长前期应补充氮和钙，后期应适当补充钾素，对磷和镁的需求量较平稳。

2. 杜果施肥技术

杜果施肥应充分考虑土壤和树体养分水平及杜果品种的需肥特性，以既改善树体养分又能培肥地力为施肥原则，既要取得显著的经济效益，又要使杜果持续稳产、高产。我国杜果产区土壤多为贫瘠的坡地赤红壤或砖红壤，严重酸化及养分流失，使果树长期缺乏氮、钾、钙、镁、硼、锌等矿质养分，因此，施肥时应从平衡树体养分出发，科学配比，合理施用肥料。据调查，每株杜果氮、磷、钾施用量为氮387～820 g、磷（P_2O_5）135～675 g、钾（K_2O）157～825 g，氮、磷、钾比例为1：0.5：0.75，与杜果较为适宜的比例1：（0.3～0.5）：（1.2～1.5）（印度）相比，磷高钾低。

（1）幼龄树施肥。杜果定植后2～3年为幼树期，施肥目的在于促进幼树营养生长，使新梢、根系迅速生长，树冠快速形成扩大。杧果定植前，每株用绿肥25～50 kg，农家肥100 kg，磷肥、石灰各1.5 kg与坑土混合回填，待1～2个月土壤下沉后种植。杧果树苗活棵后，应以速效氮肥为主。当年1～2个月追肥一次，全年5～6次。第2、3年每次梢追肥1～2次，全年6～8次，至11月停肥。种植后第1年用肥量氮75 g/株、磷（P₂O₅）75 g/株、钾（K₂O）60 g/株、镁10 g/株，少量多次为好，可结合灌水施用。沙壤土以"一梢两肥"，黏壤土以"一梢一肥"即可。第2、3年可适量增至氮150～200 g/株、磷（P₂O₅）200 g/株、钾（K₂O）200 g/株、镁20 g/株，亦可开沟环施或随水施入。为扩大根群，每年可施3～4次有机肥、2～3次石灰，分别在春梢、夏梢、秋梢萌动前施用，可开沟环施或结合培土穴施，每株每次施有机肥20 kg、石灰0.5 kg。

（2）结果树施肥。杧果定植后第4年一般进入结果期，直至第10～30年为盛果期，我国杧果树多数处于结果期。杧果结果树每年追施4次肥料，重点在春、秋季施用。

催花肥：开花前1个月为杧果花芽分化期，花芽分化前施肥可促进花芽分化。肥料应以速效氮、钾肥为主，用量为全年用量的20%左右，每株施尿素、氯化钾各0.1～0.2 kg，钙镁磷肥1.6～1.8 kg。可结合叶面施肥，采用0.2%～0.3%磷酸二氢钾溶液+0.3%硼砂+0.1%硫酸锌，喷施，喷至叶面布满水滴、欲滴未滴为准，连续喷2～3次，每次喷施间隔7～10天。

壮花肥：杧果树开花量大，养分消耗多，应在花期追施一次速效氮肥。施肥时间视树势、植株状态、天气而定，以植株50%的末级枝梢现蕾时开始施肥为宜。壮花肥可选用尿素或复合肥，每株施尿素或复合肥0.1～0.15 kg，可结合叶面喷施0.1%硼砂、0.2%～0.3%磷酸二氢钾溶液。如果催花肥施用充足，植株生长旺盛，这次肥可不施。

壮果肥：谢花后30天左右是果实迅速生长发育时期，在幼果迅速增大期间，要追施壮果肥，既可促进果实快速生长，又可避免夏梢抽发时争夺养分，致使落果。每株施用复合肥（15–15–15）

0.3～0.5 kg、钾肥0.5 kg、饼肥0.2～0.5 kg。结合喷药施用0.2%～0.3%磷酸二氢钾或其他叶面肥2～3次，每次喷施间隔7～10天。

采果前后催梢壮梢肥：采果前后施肥对于树势恢复、促进秋梢萌发是非常关键的，分2次施更好。第1次在采果前后可每株施尿素0.2～0.3 kg、氯化钾0.1～0.2 kg，促进树势恢复，尽快萌发抽生秋梢。第2次施肥在末次梢开始转绿时，结合翻土埋入杂草，每株施入有机肥25～50 kg、三元复合肥0.5 kg。可结合叶面喷施0.3%磷酸二氢钾溶液1～2次。

（三）菠萝

1. 菠萝需肥特性

菠萝所需的养分主要通过根系吸收。菠萝的根系分气生根和地下根，气生根着生于地上茎和各种芽体的叶腋，能吸收养分和水分。地下根系较浅，但有菌根，有助于养分吸收；菌根还能分解土壤腐殖质，供给养分。菠萝根系多分布在表层土下40 cm左右，90%集中在10～25 cm土层中，水平分布约1 m，以距植物40 cm范围内最多。这些根系特点在施肥时应加以考虑。在自然气候条件下，当菠萝生长到一定生长量时，每年3次开花期。从2月初至3月初抽蕾，6月底至8月初成熟的称为正造花（正造果），约占全年总产量的62%，果实果柄粗短，果形正，品质好，产量高；4月底至5月底抽蕾，9月成熟的称为二造花（二造果），约占全年总产量的25%，果形和品质与正造果相似；7月初至7月底抽蕾，10月底采收，亦可延迟至翌年1—2月成熟的称为三造花（三造果），约占全年总产量的13%，果形大，纤维多，香气少，品质差。

菠萝生育期可以分为苗期、旺长期（包括中苗期和大苗期）、催花现红期、小果膨大期和成熟期，各生育期的长短因品种、定植期及气候等因素而异，了解和掌握菠萝养分吸收规律是对菠萝进行合理施肥的关键。菠萝的各品种生长周期和养分吸收能力存在较大差异，在相同生育阶段，不同品种的养分吸收量和吸收比例各不相同，但菠萝对养分的吸收量均表现为钾＞氮＞钙＞磷＞镁，菠萝对钾需求量最大。菠萝品种、管理方式不同，需肥量也存在差异。通常情况下，植株健壮高大，叶大厚长的卡因类品种，需肥量多，较耐肥水；反之，植株生长中等，叶较小短的皇后类品种，需肥量较少。另外，灌溉施肥方式得到改善的情况下，菠萝对养分的吸收能力也会得到相应提升，需肥量增加。如巴厘品种养分吸收的高峰期处于快速生长期阶段，氮、磷、钾吸收比例分别达50.8%、45.8%和54.6%，随后逐渐下降，在催花至谢花期，氮、磷、钾吸收比例降为20.2%、17.8%和12.3%，在果实发育期氮、磷、钾的吸收量占比较小，主要依靠前期的累积。而卡因类品种具有2个高峰期，第1个高峰期位于快速生长期，氮、磷、钾吸收比例分别达46.3%、46.0%和51.5%，第2个高峰期位于果实发育期，氮、磷、钾吸收比例分别达23.4%、32.1%和32.1%。

在不同生长期菠萝对养分的需求有所不同。菠萝需要较高的氮、钾。而且，随着生育期的推进，磷、钾的比例显著增加，尤其是钾，需求量很大。从定植至结果前属于营养生长期，施肥应以氮肥为主，磷、钾肥为辅，目的是促进菠萝叶片抽生，增加叶片数和叶面积，为生殖生长打下基础。抽蕾至果实成熟是生殖生长期，施肥以钾肥为主，氮、磷肥为辅。在同等条件下，氮、磷、钾、钙、镁肥对菠萝的生长、根系活力、叶绿素含量等有着不同的影响。其中氮对菠萝根系的影响程度最大，磷次之，钙对菠萝的叶绿素含量影响最大。中微量元素（如硼）对果实糖、酸含量的影响较大，而锌对果实维生素C含量的影响较大。适量的锌可以提高叶片叶绿素含量，增强光合作用，促进菠萝生长发育，而高浓度的锌则对菠萝的生长起抑制作用。硼能够显著促进菠萝根系的生长，使根长、根重增加。

2. 菠萝施肥技术

菠萝是一次播种、收获2～3造的多年生草本果树，只要光照温度适宜，一年四季均可种植。种植菠萝的山坡地，土壤干旱贫瘠，定植时一次性施足基肥是菠萝高产优质的基础性措施。基肥以有机

肥为主，50%的磷肥，100%的镁肥，适量氮肥、钾肥混合均匀一同施下。基肥要与深耕、作畦结合进行。基肥一般是土杂肥、猪牛栏粪、枯枝落叶、堆肥等农家肥与过磷酸钙沤制后，沟施或穴施后覆土定植。钙镁磷肥不能与有机肥沤制施用，可在施完有机肥后，再条施或穴施于定植行内。硫酸镁、氯化镁施150～300 g/hm²，随基肥施用。

根据菠萝发育需肥特性及生产经验，一般追肥可以分为以下几种。

攻苗肥：攻苗肥中的氮（N）、磷（P_2O_5）和钾（K_2O）施用量分别占当造果施肥总量的50%、10%～20%和30%。按苗期又分成：小苗肥，施肥量占当造果总施肥量的10%，宜分成2次施用，第1次在植株开始抽新叶时水施，第2次在新叶长出4～5片时水施；中苗肥，氮（N）、磷（P_2O_5）和钾（K_2O）施肥量分别占当造果总施肥量的20%、5%～10%和10%，沟施或穴施，宜分成2次施用；大苗肥，氮（N）、磷（P_2O_5）和钾（K_2O）施肥量分别占当造果总施肥量的20%、5%～10%和15%，沟施或穴施，一次施完。

催花壮蕾肥：在花芽分化前期至花蕾抽发前期施用，宜施用的肥料为氮磷钾复合肥+硫酸钾+饼肥，氮（N）、磷（P_2O_5）和钾（K_2O）施肥量分别占当造果总施肥量的10%、5%～10%和20%，水施。饼肥中的氮素应占本次施用氮素量的50%以上。

壮果催芽肥：建议于4—5月施下，能促进花果发育和各种芽的抽生。此次施肥宜施用的肥料为氮磷钾复合肥+硫酸钾+饼肥，氮（N）、磷（P_2O_5）和钾（K_2O）施肥量分别占当造果总施肥量的10%、5%～10%和30%，水施的肥料或饼肥中的氮素应占本次施用氮量的50%以上，宜分2次施用，第2次在第1次施后的20天左右进行。

壮芽肥：于7—8月采果后施下。此时正造果已采完，二造果将成熟，母株上的吸芽迅速成长，需要较多的养分供应，此时肥料供应不足，则吸芽抽生迟，不健壮，将推迟翌年的结果期。此时以液肥为主，每亩施尿素5 kg，兑水1 000 kg或用腐熟的人粪尿1 500 kg

施于基部叶的叶基处，施后培土。若是只收单造果的菠萝园，可在9—10月于大行间犁深10～15 cm的条沟或开穴施下猪牛土杂肥或有机肥15 000～30 000 kg/hm²，混合150 kg过磷酸钙、225 kg钾肥。

菠萝花前肥：菠萝花芽分化期大量集中在12月中下旬，故建议在11月中下旬增施一次肥，可以增加小花层数、果重和结果率，增强植株抗寒能力。花前肥以磷钾肥为主，配施氮肥。可用1∶1∶1的尿素、磷酸二氢钾、硝酸钾进行根外追肥，或用1%～2%硫酸钾或5%草木灰浸出液进行叶面喷施。若进行催花，在乙烯利中加入1%～2%硝酸钾液，可提高抽蕾整齐率。

根外追肥：菠萝具有特殊的贮水结构和吸收机能，根外追肥效果好，尤其在密植封行后根际追肥困难时，根外追肥是更为合理的施肥方式。定植30天后，每月喷施一次10 g/L尿素、2 g/L磷酸二氢钾混合溶液，用量为2 mL/株，或是施用商品叶面肥，用量按产品说明书规定施用。在大苗期、花芽分化期、谢花期和采果后10天左右分别喷施一次浓度为0.1%含微量元素的叶面肥。

菠萝生长周期长，产量高，需肥量大，菠萝施肥过程中提倡用目标产量配方法或田间试验配方法确定施肥量。在目标产量配方法的计算中，每产1 t菠萝果实需要施用氮（N）7～8 kg、磷（P_2O_5）1.5～2.0 kg、钾（K_2O）14～15 kg。也可以利用其他现有的推荐施肥量，结合当地实际情况进行施肥量的确定（表1）。

表1　我国部分标准或地区菠萝推荐施肥量

标准或地区	品种	N/ （kg·hm⁻²）	P_2O_5/ （kg·hm⁻²）	K_2O/ （kg·hm⁻²）	氮、磷、钾比例 （N∶P_2O_5∶K_2O）
NY/T 5178—2002		655.59～756.5	169.3～229.3	638.4～864.2	（1∶0.26∶0.97）～ （1∶0.23∶0.87）
台湾	卡因	720.0	120.0	720.0	1∶0.17∶1.0
福建	台农	769.5	150.0	600.0	1∶0.19∶0.78
广东	巴厘	526.5	286.5	630.0	1∶0.54∶1.2
广西	巴厘	526.5	150.0	600.0	1∶0.31∶1.33
海南	台农	317～422	66～92	271～396	1∶（0.16～0.29）∶ （0.64～1.25）

（四）荔枝

1. 荔枝需肥特性

荔枝育苗有压条育苗和嫁接育苗，压条苗没有主根，侧根很多；嫁接苗初期先长主根，侧根少而短，随植株生长侧根增多。荔枝根系发达，全年无自然休眠期，根系深广并有菌根菌共生形成内生菌根，菌根有利于荔枝对水分和矿质营养，尤其是磷素的吸收利用，可增强树体对土壤的抗逆性。一般荔枝的根可深达5 m，水平分布比树冠大2～3倍，但是养分吸收根主要分布在10～20 cm的土层中。荔枝通过抽发新梢更换结果母枝，按抽发时间可分为春梢、夏梢、秋梢、冬梢，需要营养物质相对较多；其中秋梢是荔枝的主要结果母枝，秋梢的数量和质量与树势强弱及肥水等栽培措施的关系很密切。每生产1 000 kg鲜荔枝果实，需从土壤中吸收氮（N）13.6～18.9 kg、磷（P_2O_5）3.18～4.94 kg、钾（K_2O）20.8～25.2 kg，其吸收比例约为1∶0.25∶1.42，由此可见，荔枝是喜钾果树。

了解荔枝不同器官与部位的矿质元素含量水平，是研究荔枝营养特点和进行合理施肥工作的基础。荔枝树体各器官氮、磷、钾含量以花器官最高，叶片中含量次之，根系中含量最低。钾在果树中含量特别高。荔枝花芽分化于秋、冬季，花型有雄花、雌花、两性花和变态花4种，只有雌花和两性花能结成果实。一般雌花只占总花数的30%以下，且雌、雄花开花时间不一致，造成荔枝授粉率低。荔枝花器官氮、磷、钾比例为1∶0.27∶0.72，荔枝花量大，花器官在100～120天的发育过程中需要消耗大量养分，致使花谢后树体养分含量迅速下降，进而导致落果。荔枝营养状况不良，果实发育至第1阶段结束时落果率为90%以上；进入种子发育期，养分缺乏会造成胚的死亡而引起第2阶段落果；果实发育后期，营养物质大量转移并在果实中累积，若此期养分不足，就会在采果前发生第3期落果。因此，保证荔枝开花和果实发育期间有足够的养分供应是丰产的重要措施。由此可知，荔枝对养分的吸收有2个高峰期，一是2—3月抽发花穗和春梢期，对氮的吸收量很多，磷次之；二是5—6月果实迅速生长期，对氮的吸收达到最高峰，对钾的吸收也逐渐增加，如果养分供应不足，易造成落花落果。

荔枝叶片能较敏感地反映树体的营养状态，通过叶片营养成分分析来了解树体的营养成分变化动态，是制订荔枝施肥措施的重要参考。荔枝叶片中氮、磷、钾含量也随着生育期变化而呈波动状态，年周期中开花、幼果膨大和秋梢抽生时期的叶片养分含量处于最低值。7月果实采收后，叶片氮、磷、钾含量又得以回升；至8月，由于抽发新梢的养分消耗，叶片氮、磷、钾含量又再次下降；枝梢花芽分化前的11月，叶片氮、磷、钾又得以恢复和累积，达到最高点，冬季是一年中树体养分含量最高、最稳定的时期。荔枝开花前叶片氮含量低，将会影响成花和花序形成，一般在荔枝开花或采果时叶片含氮量高，则产量高，采果时叶片钾含量高，产量也高，而且果实甜度增加。荔枝根系氮、磷、钾含量均低，尤其是在2—6月花器官发育至果实发育期间，冬季干旱和低温导致根系吸收能力弱，而且春季根部贮藏养分运往地上部供应生长和开花结果，导致其养分含量最低。荔枝果实养分含量一般为氮＞钾＞磷＞钙＞镁，微量元素为硼＞锰＞铁＞锌＞铜＞钼，果实发育阶段不同，养分含量也存在差异。果实发育前期需氮量大，后期需钾量较大。幼果期含氮最高，磷、钾含量相对较低，当假种皮、果肉迅速发育后，各种营养元素含量急剧增加。果实成熟时，不仅氮、磷、钾含量提高，而且磷、钾，尤其是钾的比例明显增加。

2. 荔枝施肥技术

荔枝不同树龄、生育期对营养需求不同，施肥时期和施肥量与品种、产量、长势和上壤条件等因素相关。荔枝秋梢生长与发育阶段施肥目标为恢复树势、培育结果母枝，以氮素营养为主，磷、钾为辅，补充中微量元素；花芽分化与开花阶段施肥目的为促进花芽分化和促花保花，以磷、钾为主，氮为辅，并注意补充硼肥；果实

生长发育与成熟阶段施肥目的为保果和促进果实膨大，以氮、钾为主，注意补充钙肥。通常采取"以产定肥"来确定施肥量，广东地区提出每产100 kg鲜果年施肥量以氮（N）1.38 kg、磷（P_2O_5）0.8 kg、钾（K_2O）1.5 kg为适宜。广西地区提出每产100 kg鲜果年施肥量以氮（N）1.6～1.9 kg、磷（P_2O_5）0.8～1.0 kg、钾（K_2O）1.8～2.0 kg为适宜。

（1）幼树施肥。荔枝定植后一般需7～8年甚至10年左右才能投产，从定植到投产前属幼树阶段，幼树栽培管理重心是培养树势、蓄积营养。良好的树势应是根群发达，分枝点较低，各级主枝分布均匀，生长平衡，树冠呈半圆形，树势健壮而矮化。通常采用的高压苗或嫁接苗定植后第1年就具有开花结果的能力，但为了培育树势，在幼树阶段应避免其过早投产，以免提前投产使树体负载过重而导致树体受伤，反而延误了投产期，但如幼树管理得好也会缩短幼树培养年限，甚至定植后5年即可投产。

幼树施肥必须搞好施基肥，尤其在粮果产区，新植荔枝要向山丘坡地发展，山丘红壤较瘦瘠，有机质含量低，宜在定植前2个月左右挖好深、宽各70～80 cm的定植穴，穴底填施一些绿肥、厩肥、草皮土，在定植前有一定时间让其腐解沉实，栽植时每穴用腐熟堆肥、厩肥25 kg左右混匀，然后覆盖表土移栽荔枝苗。

幼树栽后1个月左右新根就可生长，此时即可开始施追肥。荔枝幼树养分需求很少，吸水吸肥能力较弱，施肥以勤施薄施为原则，施肥量随着树龄增加逐渐增多。幼树移栽后1个月左右可以长出新根，此时可以开始施追肥。一般年施4～6次。第1年每株施氮肥12～15 g，第2年每株施氮肥25～50 g；同时配施适量的磷、钾肥及每年每株施有机肥5～10 kg。

（2）结果树施肥。荔枝进入结果投产期后，栽培管理的中心既要力争当年果实丰收，又要兼顾翌年和以后的荔枝丰产。就荔枝物候期来说，通常12月至翌年1月花芽分化，2—4月开花，5—6月果实发育，6—7月成熟采收，8—9月秋梢抽生，10—11月秋梢老熟。7月之前，施肥管理以实现当年果实丰收为中心目标；采果后至年底前，中心目标则转为促进结果后的树体尽快恢复，培养健壮秋梢作为下一年的结果母枝。一般建议结果较少树：每株施有机肥5～10 kg，氮肥（N）0.4～0.6 kg，磷肥（P_2O_5）0.1～0.15 kg，钾肥（K_2O）0.3～0.5 kg，镁肥（MgO）0.05 kg。结果盛期树（株产50 kg左右）：每株施有机肥10～20 kg，氮肥（N）0.75～1.0 kg，磷肥（P_2O_5）0.25～0.3 kg，钾肥（K_2O）0.8～1.1 kg，钙肥（CaO）0.25～0.35 kg，镁肥（MgO）0.07～0.09 kg。荔枝施肥重点是抓好以下3次肥。

促花肥：或叫花前肥，主要是增强开花前树体营养，促进花芽分化，使花穗发育健壮，增加雌花数量，减少落花和第1期生理性落果，提高坐果率。此次肥料宜在开花前10～20天施用。一般认为，早、中熟种宜在1月上旬小寒前后施用，迟熟种宜在1月下旬"大寒"前后施用。此次施肥应注意氮、磷、钾肥配合施用，氮、钾肥占全年施肥量的20%～25%，磷肥占全年施肥量的25%～30%，钙、镁肥施用量占全年的30%。

壮果肥：主要起补充因开花带来的树体养分消耗，促进果实发育、保果壮果，提高果实品质，减少第2期生理性落果等作用。此次施肥宜在开花后至第2期生理性落果前施用，早熟品种在4月上旬施用，迟熟品种在5月下旬小满前后施用。此时期施肥需要适当增加钾肥，其用量占全年施肥量的40%～50%，氮、磷肥占全年施肥量的30%～40%，钙、镁肥施用量占全年的40%。

促梢肥：也称采果肥，主要补充因结果和采果后树体的养分消耗，促进树体恢复，适时萌发秋梢，为第2年结果做准备。此次施肥对早熟种、健壮树需在采果后施用，晚熟种、弱树和挂果多的树宜提前至采果前10～15天施用。此次施肥，氮肥用量占全年施肥量的45%～55%，磷、钾肥占全年施肥量的30%～40%，钙、镁肥施用量占全年的30%。

此外，荔枝始花期、幼果期和果实膨大期还可进行根外追肥，

喷施0.5%尿素和0.2%磷酸二氢钾混合溶液（可添加展着剂，促进养分吸收），也可以结合杀虫农药施用。在12月下旬冬至左右对果园进行深翻断根，施用有机肥改土和修筑园埂，提高果园保水保肥能力，断根可抑制冬梢萌发，有机肥促进母枝充实健壮。缺硼和缺钼的果园，在花前、谢花及果实膨大期喷施0.2%硼砂和0.05%钼酸铵；在荔枝梢期可喷施0.2%的硫酸锌或复合微量元素。pH<5的果园，施用石灰100 kg/亩。

（五）龙眼

1. 龙眼需肥特性

龙眼营养吸收器官根系由粗壮的垂直根和水平根组成，垂直根入土可达3 m，主要是固定树体，运输和贮藏养料、水分。龙眼水平根的分布范围为树冠的1.5～2.0倍，是吸收根系，负责向新土层延伸和扩大根系分布范围、从土壤中吸收水分和矿质营养及合成内源激素和其他生物活性物质。龙眼根系的菌根有好气特点，吸收根分布在10～100 cm土层范围内，以50 cm以内居多。龙眼的内生菌根有利于其对矿质营养和水分的吸收，可增强龙眼对土壤的抗逆性，尤其是有利于磷的利用。龙眼根系一年中呈周期性生长，与地上部枝梢生长交替进行，大致有春季、夏季、秋季3个生长波，而成年树则在10月中下旬秋梢充实时又形成一个吸收根生长的小高峰，此期根系生长对花芽分化有一定促进作用。所以，施肥必须掌握在根系生长高峰期内进行，这样肥料利用率高，断根再生力强。土壤温度高于15℃时新根开始活动，适宜温度为23～28℃，土壤温度高于33℃时根系进入休眠状态，培育发达水平根是栽培龙眼的重要目标，只有水平根发达，吸收养分能力才强，树势才能健壮。

龙眼在生长过程中，周年不停地进行着叶梢生长、花芽分化和开花结实，需要不断从土壤中吸收养分，以满足树体营养生长和生殖生长的需要。研究表明，每结1 000 kg龙眼鲜果，平均需吸收纯氮（N）4.01～4.80 kg、磷（P_2O_5）1.46～1.58 kg、钾（K_2O）

7.54～8.96 kg，所需氮、磷、钾的比例为1：（0.28～0.37）：（1.76～2.15）。龙眼生命周期长，营养要求高。在整个生命周期中经历不同年龄时期，在幼龄生长、低龄结果、壮年盛果、老龄衰老和更新等各个阶段具有不同的营养特点。龙眼树体营养和果实营养的均衡与协调较差，营养生长与生殖生长容易失调，属于大小年结果现象严重及产量稳定性较差的果树种类。这种现象除生物学特性及气候因素外，与生产上普遍存在的栽培管理粗放，尤其是忽视果园土壤的定向培肥有关。加强土壤培肥管理，不仅可以促进根系生长，增强树势，保持植株营养枝与结果枝数量的相对平衡，而且可以改善树体的营养状况，对提高果实产量及品质有明显的作用。因此，在每年生长周期中，只有二者协调发展，才能获得果实的高产、优质。龙眼的必需营养元素间要平衡供应，如果出现一种和数种营养元素供应不足，则不仅会显著降低鲜果的产量和品质，还会对树体营养与生长发育产生不利影响。

龙眼与其他植物一样，在生长发育过程中必须吸收利用的矿质营养元素包括氮、磷、钾大量元素，钙、镁、硫等中量元素，以及硼、铁、锰、锌、铜、钼、氯等微量元素。龙眼对氮、磷、钾吸收量的大小顺序为氮＞钾＞磷，对钙和镁的需求量也很大。龙眼从2月开始吸收氮、磷、钾等养分，在6—8月出现第2次吸收高峰，11月至翌年1月吸收量下降。氮、磷在11月，钾在10月中旬即基本停止吸收。果实对磷的吸收量从5月开始增加，7—8月为高峰期，随后逐渐趋于平衡；氮吸收量从5月开始增加，7月出现吸收高峰。龙眼在周年中吸收养分最多的时期是6—9月，氮、磷、钾吸收比例约为1：0.5：1。

2. 龙眼施肥技术

合理施肥是保证龙眼树生长发育和丰产稳产的重要措施，合理施肥可以使龙眼植株健壮生长，促进花芽分化，减少落花落果，提高产量和品质，减少大小年结果现象。龙眼合理施肥需要根据龙眼树龄、树体年周期营养特点、土壤肥力等因素，确定适当的施肥量

和适宜的施肥时期，采用正确的施肥方法。通常产100 kg鲜果的龙眼树，全年每株树施肥量为氮肥（N）1.8～2.3 kg、磷肥（P_2O_5）1.0～1.8 kg、钾肥（K_2O）2.0～2.3 kg。

（1）幼树施肥。龙眼幼树以尽快形成理想树冠和促进早结果为目标，施肥上应重施氮肥，少施磷、钾肥，促进营养生长。氮肥主要用于幼树发育的前几年，未来几年适当增加磷、钾肥的比例。幼树根群少，吸肥吸水能力弱，施肥以勤施薄施为原则，做到以肥引根、以肥养根，促进根群发育，切不可施肥过多，避免造成肥害。

一般在龙眼幼苗定植成活，新根萌发后，每月施稀薄肥水1～2次或每株施尿素25～50 g为宜。第2年的幼树，及时扩坑，结合重肥分春、秋季增施有机肥2次，每次重肥每株施有机肥/牲畜肥20～30 kg、尿素0.5～1.0 kg、钾肥0.5 kg、磷肥1.0 kg、石灰0.25 kg。对于翌年将投产的树，应加重攻秋梢肥的分量，秋梢充实期应适当增加磷、钾肥，控制氮肥用量。掌握梢期多施的原则，着重培养每次枝梢，以增强树势、迅速扩大树冠、引根深生为目标，为速生、早结果、丰产、稳产奠定基础。

（2）结果树施肥。龙眼是一种需肥量较大的果树，要获得丰产、稳产，特别是在瘦瘠的红壤丘陵山地上栽培，就需要较高的水肥水平。结果树的施肥较幼树复杂，要求严格，因为施肥直接影响树体的营养生长、花芽分化和开花结果。因此，龙眼结果树施肥主要围绕培养优良秋梢结果母枝、促进花芽分化和壮大果实三个方面进行。在龙眼生长发育过程中，一般至少是根据秋梢生长发育期、花芽分化诱导期、果实生长发育期三个时期施用3次肥料。但是在生产实践中也可以根据需肥高峰期，全年施用5次肥，这5次分别是花前肥、保花肥、保果促梢肥、壮果肥、采果肥。

花前肥：在秋梢老熟后，花穗开始抽生至开花前，视树势施一次促花肥。以速效性氮肥为主，配合少量磷钾肥，然后施入腐熟农家肥、饼粕、尿素、钙镁磷肥和氯化钾。主要作用是促进花穗分化，提高花穗率，增加雌花数。按每株生产50 kg鲜果量来确定施肥量，每株施复合肥1.5～2.0 kg、尿素0.50 kg、氯化钾0.25 kg。

保花肥：在盛花期施用的肥料。建议施用高氮复合肥，每株0.5～1 kg。主要作用是供给果树充足的养分，补充开花对养分的消耗，减少落花，提高幼果坐果率和促进夏梢抽发。

保果促梢肥：该肥料在5月中旬至6月上旬施入，此时正是根系生长的第2次高峰期，需要充足的肥料保证根系生长，还可以促发夏、秋梢。肥料以氮、磷肥为主。

壮果肥或幼果肥：在龙眼树开花后至第2次生理落果前施入，此次要重施，以施用钾肥为主，配合适量的氮、磷肥，在树冠边缘挖沟，树冠较小的树可采用环状沟，树冠大的可采用放射沟，磷肥与有机肥料混合后施入沟中，氮、钾肥可以在松土的时候施入。每次按每株生产50 kg鲜果量来确定施肥量，每株施复合肥1.5～2.0 kg、尿素0.50 kg、氯化钾1.5～2.0 kg。

采果肥：在采果前后施用的肥料。这是一年中主要的施肥时期，采果肥主要作用是在采果后补充树体营养消耗，恢复树势，使秋梢发育健壮，为翌年培养健壮的结果母枝打下基础。此期应是有机肥与化肥配合施用，建议每株施腐熟有机肥5～10 kg、复合肥1～1.5 kg。

结果树和幼树均采用于树冠滴水线下开环沟施肥的方法，沟深15～20 cm，施后回土并及时灌水。最后一次追肥在距果实采收期10～15天前施用。

根外追肥：在春梢老熟前、开花或盛花期、幼果期、秋梢老熟前施用，全年4～5次，根据植株生长状况而定，选用的肥料种类和浓度分别为尿素0.2%～0.5%、磷酸二氢钾0.2%～0.5%，加0.1%～0.2%硼砂或0.05%～0.1%钼酸铵或0.1%～0.2%硫酸锌等微量元素肥料，最后一次叶面施肥在距果实收获期20天前进行。

二、优稀果树

（一）火龙果

1．火龙果需肥特性

火龙果为浅根系作物，无明显主根，侧根及须根较发达，分布在3～20 cm表层土中。因此，火龙果根系对土壤含盐量极为敏感，施肥过多易造成烧根、烂根。火龙果全年可自然成花结果12～15批次，具有多批次性、同步性、间断性、相邻"造次""批次"互扰性等特点，自然产果期在每年5—11月，15天左右可开花1次，谢花到果实成熟一般需要45～50天。火龙果果实生长发育规律呈"快速生长→缓慢生长→快速生长"的"S"形曲线，从开花到成熟需27～30天，果实停止膨大。花谢后26～35天果皮开始变色转红，4～10天后可采收。相对于其他热带作物，火龙果中磷（1.0～3.6 g/kg）、钾（8.7～36.1 g/kg）、钙（1.0～22.6 g/kg）含量较高，其中果茎的磷含量高于大部分热带作物，钙含量与剑麻相当，钾含量与菠萝、剑麻相当，是一种喜磷、钾、钙植物，在养分管理中应注意磷、钾、钙的施用。

火龙果在不同生长时间对各种养分的需求量和需求比例也不同。有研究表明，火龙果在现蕾前期根系中的铁、锰、硼累积较多，枝条磷、钾、钙、镁、铜、锌含量较多，在盛花盛果期根系中的镁、钾累积较多，果实采收末期根系中的钾、镁含量降低。火龙果在幼果期，果实中的多种矿质元素均处于较高水平，随后逐渐降低，最终在果实成熟期趋于稳定。成熟期火龙果花蕾的含氮量最高，茎的磷、钙、镁、硫、锌含量最高，果皮的钾、硼含量最高，根系的铁含量最高。果实中氮、磷、钾比例为4.86∶1.00∶10.12，茎中氮、磷、钾比例为1.46∶1.00∶1.81。另外，火龙果成熟器官中钙含量较高，但果肉钙含量较低，钙不易进入果肉，果肉钙含量较高易影响其品质。

火龙果对营养元素的吸收会直接影响其产量和品质，但在不同生长阶段对氮、磷、钾、钙和镁等养分元素的吸收量不同。火龙果花的氮、磷、钾含量比茎高，果实中氮、磷含量与茎相差不大，钾含量比茎低，进入开花结果期火龙果仍需要较多磷、钾，中磷高钾复合肥配方适用于未结果幼龄与成龄火龙果。火龙果茎在5月中旬对氮、磷、钾的需求量均较大，在7月下旬对氮、钙、镁的需求量较大。由于火龙果为分批次、多次采收，在果实发育的中后期（花后20～30天）是果实品质和产量形成的关键时期，在此期间应保证有足够的养分供应，果实带走的钾、镁、钙元素较多，应注重钾肥、镁肥和钙肥的施用。

2. 火龙果施肥技术

火龙果生物量比常规果树要小，但火龙果花期持续时间长，营养消耗较多，对养分需求量也较大，生长发育过程中需要从土壤中吸收大量养分，特别是进入盛产期之后，水肥管理更为重要。火龙果种植前要施足基肥，果苗生长后，每月施肥2～3次，氮、磷、钾配合，再根据果树不同生育期，改变氮、磷、钾比例及增减肥料，适当补充微量元素，每年再增施1～2次有机肥。

（1）幼龄火龙果施肥。一年生火龙果所需养分较少，施肥时以有机肥为主，化肥为辅；定植1年后火龙果开始开花坐果，所需养分增加，第2年施肥量比第1年施肥量增加150%～200%，且在挂果期可适当增加钾肥用量。幼龄火龙果以施氮肥为主，做到勤施薄施，以促进植株生长。定植后1个月植株长出新芽，每10～15天喷施或滴灌0.2%～0.3%大量元素水溶肥溶液1 000 kg/亩。定植6个月后，淋施尿肥或复合肥800倍液，每株2.5 kg，离树头15 cm处浇淋，每隔20天一次。

（2）结果树施肥。成年火龙果（二年生以上）以施有机肥为主，化肥为辅，火龙果是喜钾作物，在开花坐果期可增施钾、镁肥；在中微量元素方面要注重施用锌肥、钙肥、硼肥等。在秋、冬

季，火龙果收完果后要施一次冬肥，火龙果经过1年的抽枝条、开花、结果，体内的养分已经达到了全年最低值，所以在秋冬季节施放冬肥用以补充养分，恢复树势。

冬季树覆盖有机肥：目的是改良土壤，增加有机质，增强自主抗寒能力。于12月至翌年1月枝蔓已完全转绿时施用，每亩施用商品有机肥2 000 kg、钙镁磷肥50 kg、硫酸锌2 kg、钼酸铵2 kg、硼砂或硼酸3 kg。施肥方法为离根部40 cm处挖8～10 cm的沟施入并覆土。

促花肥：目的是促进花蕾发育，提高花的质量。于4月上旬施肥，每株施复合肥1～1.5 kg，是壮花壮果肥；目的是壮花，促进果实增大，提高果实品质。于6月上中旬施肥，每株施菌肥0.5～1 kg、复合肥0.5 kg。

重施促花壮果肥：目的是促进多开花，促进果实膨大，提高果实品质。于8月上中旬施肥，重点生产中秋、国庆果实。每株施腐熟麸饼肥1～1.5 kg、复合肥（15-15-15）0.8～1 kg。

壮果、恢复树势肥：目的是促进最后一批果实膨大，恢复树势，促进枝蔓生长。于10月上中旬施肥，每株施复合肥0.5～1 kg、菌肥3～4 kg。

此外，在火龙果花芽分化期、果实膨大期叶面喷施0.3%尿素或磷酸二氢钾溶液，每15天一次，促进火龙果开花结果，提升果实品质。同时，我国火龙果主要种植在长江以南的红壤地区，而红壤地区土壤铁、锰含量较高，火龙果在生长发育过程中一般不会发生缺铁症和缺锰症，而容易缺乏硼、锌等，可以在叶面追肥过程中喷施含钙、硼、锌等中微量元素的肥料，快速补充中微量元素。

（二）波罗蜜

1. 波罗蜜需肥特性

波罗蜜实生苗种植后3～5年开花结果，而嫁接苗则1.5年左右就可开花结果。波罗蜜的成熟期在每年的6—11月，一边开花一边结果，花期长，果实成熟期持续时间也较长。波罗蜜植株在生长发育过程中需复合肥量较大，而且需要氮、磷、钾等各种营养元素的供应，且在不同生长发育过程中养分需求也有所不同。

波罗蜜初春处于发芽、抽花期，生长量较大，故需在花序抽生前施一次重肥，以促进植株新梢萌发、花序增多。当果实迅速增大时需施壮果肥促进果实生长发育，以钾肥为主，辅以适量氮肥混合施用，并配合叶面喷施，以提高植株吸水、吸肥能力，促使波罗蜜快速膨大发育、高产优产；采收后，补充树体营养，以施有机肥为主，施肥量要根据波罗蜜的养分需求来定，以满足果实生长需求为准。因此，必须根据其不同的生长发育阶段，合理施用花前肥、壮果肥、果后肥等，以满足其生长需要，促进新梢生长、花芽分化和果实发育，并保持植株生势。

2. 波罗蜜施肥技术

（1）幼龄树施肥。幼龄树施肥以促进枝梢生长，迅速形成树冠为目的。根据幼龄树生长发育特点，贯彻勤施、薄施、生长旺季多施肥的原则。除冬季施有机肥作为基肥外，每次抽新梢前施速效肥促梢壮梢。在施肥的同时，在树周围1 m内的土层上进行松土。施肥量应根据树体不同生长发育时期而定，定植初期施用有机肥10 kg/株，配施复合肥（15–15–15）500 g/株，随着树龄的增大，逐年增加施肥量，以满足其生长需要。

一年生幼龄树：每株施尿素50～70 g或复合肥（15–15–15）100 g或水肥2～3 kg，隔月一次。秋末冬初，每株宜增施有机肥15～20 kg、钙镁磷肥0.5 kg。

二年生至三年生幼龄树：每株施尿素100 g或复合肥（15–15–15）130 g或水肥4～5 kg，隔月一次。秋末冬初，每株宜增施有机肥20～30 kg、钙镁磷肥0.5 kg。

（2）成龄树施肥。波罗蜜在生长发育过程中需肥量较大，根据其不同生长发育阶段，合理施用花前肥、壮果肥、果后肥等，以满足其生长需要，促进新梢生长、花芽分化和果实发育，并保持植

株生势。根据开花结果物候期，对结果树施用氮、磷、钾肥，并与有机肥搭配施用，每个结果周期施肥3～4次。

花前肥：集中抽生花序前施用，每株施尿素0.5 kg、氯化钾0.5 kg或复合肥（15–15–15）1～1.5 kg，花期喷施0.1%～0.3%硼肥，间隔7天后喷施相同浓度的螯合钙肥。

壮果肥：抽生花序后1～2月内施用，每株施尿素0.5 kg、氯化钾1～1.5 kg、钙镁磷肥0.5 kg、饼肥2～3 kg。

果后肥：果实采收后1～2周施用，每株施有机肥25～30 kg（其中饼肥2～3 kg）、复合肥（15–15–15）1～1.5 kg。

（三）莲雾

1. 莲雾需肥特性

莲雾植株新陈代谢强，生长旺盛、枝梢修剪量大，果实产量高，消耗养分多，需肥量大，为喜肥果树。莲雾生长必需矿质元素有氮、磷、钾、钙、镁等大中量元素和硼、钼、锌、锰、铁、铜等多种微量元素。莲雾各器官氮、钙、镁养分含量均以叶片最高，花、果、茎依次降低；磷、钾含量均以花最高，叶、果、茎依次降低。成熟果实中氮、磷、钾三者比例为1∶0.21∶1.61。与其他热带作物相比，莲雾叶片氮、磷含量较高，其磷含量高于大部分热带作物，其氮含量与香蕉接近，其叶片钾、钙含量在热带果树中处于中等水平。莲雾植株在年周期中以正造催花前对氮的需求量大，随后对磷、钾的需求量增大而对氮的需求量减小。在开花完成自幼果阶段进入中果阶段应补充适量氮肥，以满足果实生长的需要；但果实开始红头至采收则应减少氮肥施用，避免过量施用氮肥引起果实发育过快导致裂果和糖度降低。氮、磷、钾肥总体分配比例为开花前氮、磷、钾各分配50%，花果期氮分配50%，而磷、钾各分配25%，成熟期磷、钾各分配25%。反季节莲雾开花量及结果量相对较少，生产中对磷、镁的需求均以催花前多，一般磷肥多作为基肥施用，以及在催花前配合断根、敲莔、环剥或浸水等处理以促进花芽分化，达到催早花的效果。莲雾果实发育过程中对钙的需求量较大，钙素营养与果实品质（裂果率、糖度、耐贮藏性）密切相关，一般生产上应注意采收完毕至催花前土施钙肥。

2. 莲雾施肥技术

莲雾施肥技术必须充分考虑其特性和树龄、生产季节、土壤条件、肥料种类及天气特点等各方面的因素影响。

一年生至三年生幼龄树：还没有开花过的幼龄莲雾树，施肥的目的是促进枝梢的生长，培养好骨架枝干，形成良好的树冠，为结果、丰产打好基础。施肥主要是攻春梢、夏梢、秋梢，使树梢整齐、健壮。一般在每次新梢发芽前的8～10天施1次催梢肥，新梢转绿时再施1次壮梢肥，11—12月施一次以有机肥为主的基肥。热区可以根据每年抽梢次数，适当增加施肥量和次数。幼龄树以有机肥为主、速效肥为辅，追施速效肥应做到勤施薄施。每年2—3月开始，施用攻梢壮梢肥，促进健壮的春梢、夏梢、秋梢形成。根据树体的大小，每株施腐熟农家肥或有机肥10～20 kg、尿素0.1～0.2 kg、复合肥0.2～0.4 kg。一年施肥4～6次，促进结果树冠形成。

初结果树：初结果树已经开始结果，但没有进入结果盛期。此阶段树冠继续扩大，根系不够发达，施肥的目的是促进适当结果和促进良好结果枝架的形成，为丰产奠定基础。施肥的重点是培育健壮春梢和秋梢，主要是施春肥、壮果肥、采后肥和秋肥，不施夏肥，以便控制夏梢生长。为了促进整齐健壮的秋梢形成，在秋梢萌发前施一次秋肥。在春梢抽发前，每株施尿素0.1～0.2 kg、复合肥0.1～0.3 kg、腐熟农家肥15～20 kg，促春梢抽发健壮和花芽分化。在谢花后期，每株施尿素约0.1 kg、磷肥0.2～0.3 kg、钾肥0.3～0.4 kg。采后肥：采果后，每株施尿素0.1～0.2 kg，促进树势恢复。在秋梢萌发前，每株施有机肥15～20 kg，并配施速效复合肥0.3～0.5 kg，促进秋梢生长。

结果树：进入结果盛期的结果树，通常施催梢壮梢催花肥、花前肥、保果壮果肥、采果肥和秋肥，一年施肥4～5次。在春梢萌发

前10天左右施用促梢壮梢催花肥，以施用有机肥、速效氮肥和钾肥为主，每株施尿素0.1～0.3 kg，配合施入磷肥，促进春梢抽发整齐健壮，促进花芽分化。在开花前10～15天，以施用磷、钾肥为主，施适量氮肥。为了确保产量，在果实快速膨大期，施保果壮果肥，重施磷、钾肥，每株施钾肥0.3～0.5 kg，尿素0.1 kg。果实成熟前施用采果肥，每株施用尿素0.1～0.2 kg。在秋梢萌发前，每株施有机肥20 kg，并配施速效复合0.4～0.6 kg，促进秋梢生长。

在莲雾果实生产中，有机肥的施用是十分重要的技术环节。由于有机肥含有大量元素、中微量元素、有机养分等，能有效促进果实产量的增加和品质的提高。有机肥来源广，生物物质、动植物残体、排泄物、生物废物等均可用于有机肥的沤制。为了提高有机肥的营养成分含量，提高果品的品质，可以在沤制时加入适量的豆粉、鸡蛋、红糖等蛋白质、糖分含量高的物质。适当喷施钙、镁、硼、锰、铁、铜、锌、钼等中微量元素，对于莲雾的品质和色泽都有重要影响。例如，莲雾花期喷施0.2%磷酸二氢钾、0.1%尿素与0.1%硼肥，可提高坐果率；花芽分化期喷施0.3%磷酸二氢钾、0.1%尿素与0.1%硼肥，可促进花芽分化。

（四）番木瓜

1. 番木瓜需肥特性

番木瓜生长迅速，结果快，年均可抽出新叶60～70片，在水肥管理良好的情况下，年均可抽出新叶可达90片，叶片大，叶柄长，产量高。番木瓜种植一年后即可采收，一般产量为65～70 t/hm²，高产果园可达100 t/hm²。所以，番木瓜树体生长和果实的发育均需要大量养分。

氮在番木瓜种子和叶片中含量较高，磷在种子、果肉中含量较高，钾在叶片、果肉、根和种子中含量较高。番木瓜在植株生长期对氮需求量较大，磷、钾等养分次之；而在果实生长期对磷、钾需求量增大，特别是对磷的需求。施肥过程中，高氮、钾使花期提前，而高磷则相反。果实中可溶性固形物和糖含量随磷、钾含量增加而提高，随氮含量增加而下降。

研究表明，产量为100 t/hm²的番木瓜果园，每年需要带走氮250 kg、磷20 kg、钾340 kg。每年生产100 t鲜果带走的养分为：氮112 kg、磷9.9 kg、钾178.5 kg、钙9.43 kg、镁40.71 kg、硼0.16 kg、铁0.19 kg、锌0.12 kg、钼0.002 5 kg、铜0.027 6 kg、锰0.029 9 kg、钠3.09 kg。其氮、磷、钾、钙、镁比例为1∶0.09∶1.59∶0.08∶0.36。从养分吸收量可以发现，番木瓜对钾的需求量较大，为喜钾果树，生产上应重视施用钾肥。

2. 番木瓜施肥技术

番木瓜可周年开花结果，对养分需求量大，为了高产优质，各营养元素需补充充足。据广州市果树科学研究所试验表明，番木瓜氮、磷、钾在营养生长期的比例为5∶6∶5，在生殖生长期的比例为4∶8∶8，我国台湾推荐的番木瓜养分比例为4∶8∶5。施肥位置应在树冠外缘（滴水线以外），有覆膜果园在畦面打洞施肥，无薄膜覆盖果园采用条沟施肥。叶面喷肥在阴天或傍晚进行，效果较好。

苗期肥：果园整地时将腐熟有机肥施入定植穴，用量为100 kg/亩，定植后10～15天开始施肥，以后2个月内每隔10～15天施肥一次，以速效肥为主，由薄施到多施，由稀到浓。此时期也可以叶面喷施氮肥，快速补充养分，一般控制浓度为0.3%～0.5%。

催花肥：春植树5—8月是施肥关键时期，早熟种一般抽出24～26片叶就现蕾（45～50天），现蕾前后要及时施重肥，供花芽形成需要，仍以氮肥为主，适当增施磷、钾肥，8月底前要把全年肥料的80%施下。每株果树施用尿素100 g、复合肥50 g、钾肥50 g。另外，缺硼地区还应在花期喷施0.5%硼砂和每株加施3～5 g硼砂。

壮果肥：9月以后，此时进入盛花坐果期，增施重肥，以满足基部果实发育和顶部开花坐果的需要。6月挂果的番木瓜在6—10月

每月施重肥一次，要求氮、磷、钾水平较高，每次每株施氮磷钾复合肥100～300 g。定果后，有机肥与无机肥结合施用，增施磷钾肥，少施氮肥，果皮呈浅绿色时及时在叶面喷施0.2%～0.3%磷酸二氢钾，有利于提高果实品质。

当番木瓜果园土壤pH低于5.2时，必须施用石灰或其他土壤调理剂调节pH。我国南方种植番木瓜地区多为贫瘠的坡地赤红壤或砖红壤，土壤严重酸化，养分缺乏，保肥与供肥能力差。据调查，土壤普遍缺氮，钾、钙、镁、硼、锌也较为缺乏。坡地开垦种植初期氮、磷容易缺乏。广东西部砖红壤上土壤交换性镁的临界值为25 mg/kg，土壤硼含量在0.1 mg/kg以下即可能出现缺硼症，酸性和中性土壤含铜量<2 mg/kg时，可能出现缺铜症。因此，施肥过程中还需根据实际情况，适时补充微量元素。

第八章　瓜菜类作物科学施肥技术

一、苦　　瓜

（一）苦瓜需肥特性

苦瓜全生长期100～200天，开花前生长缓慢，以生长叶片为主，干物质累积少，约占全生育期的4.0%。花期以后，苦瓜的营养生长和生殖生长并进，果实和叶片干物质同步迅速增加，干物质累积量约占总生育期96.0%。据统计，苦瓜养分累积总量为钾＞氮＞磷＞钙＞镁＞硼＞锌；氮、磷、钾比例为1.00∶0.15∶1.33，钙、镁比例为1.00∶0.19，锌、硼比例为1.00∶1.60。按照平均生产1 t苦瓜计算，所需要的氮、磷、钾含量分别为5.48 kg、0.84 kg、6.21 kg，钙含量为2.44 kg，镁含量为0.47 kg，锌含量为0.02 kg，硼含量为0.04 kg。苦瓜各生长发育期吸收氮、磷、钾养分比例差异不大：苗期为1.0∶0.1∶1.2；初瓜期为1.0∶0.1∶1.4；盛瓜期为1.0∶0.2∶1.5；末瓜期为1.0∶0.2∶1.6。钙、镁含量从花期到盛果期下降，盛果期到收获期上升，花期的钙、镁含量最大，钙为1.94 g/kg，镁为2.48 g/kg。苦瓜植株锌、硼累积量在整个生育期呈上升趋势，收获期达到最大值，且硼累积量＞锌的累积量。

苦瓜对钾需求量最大，其次是氮，对磷需求量较小。苦瓜在生长发育中需氮较多，但氮过多会降低抗逆性，从而使植株易受病菌侵染和寒冷危害。苦瓜对磷素养分的需求量不大，但对磷素缺乏较为敏感，因此，磷肥要早施。若氮素过多，磷、钾不足，会产生苦味瓜；如果营养生长过弱或过旺，易造成"化瓜"。因此，在肥沃

疏松的中壤土里，增施磷肥、钾肥，能使植株生长健壮，结瓜持续期长。

苦瓜对肥料的要求较高，尤喜有机肥，如果有机肥充足，植株生长粗壮，茎叶繁茂，开花、结果就多，瓜也肥大，品质好。若幼苗期营养不足，易产生"老化苗"，营养过剩则会产生"徒长苗"。结果盛期营养不良，植株长势弱，产生蜂腰瓜，特别是生长后期，若肥水不足，则植株衰弱，花果少，果实也小，苦味增浓，品质下降。另外，土壤盐分过高，易产生"尖嘴"瓜。

（二）苦瓜施肥技术

苦瓜属于连续结果型蔬菜作物，对肥料的要求较高，特别是当植株进入生殖生长阶段以后，对养分的需求量和吸收量增大，合理施肥尤其重要。在苦瓜栽培中需要重施基肥，并且配合多次追肥。施肥时应注意氮、磷、钾合理搭配，避免偏施氮肥。

1. 基肥

苦瓜生育期长，需肥量大，吸收能力强，要重施基肥。基肥以优质腐熟的有机肥料为主，配施氮、磷、钾速效化肥，具体肥料施用量要根据土壤的肥力情况而定，土质瘠薄、肥力较差的土壤，可多施些，对于肥力中等以上的土壤，可少施些。一般要求每亩用腐熟有机肥（或农家肥）3 000～5 000 kg，氮磷钾复合肥10～15 kg，钙镁磷肥25 kg，氯化钾10～20 kg或草木灰100 kg左右。施肥方式可采用沟施或结合翻耕整地全层施肥。

2. 追肥

苗期需肥量较少，宜薄施，开花结果期则需大量养分，应重施肥。在开花前，苦瓜以营养生长为主，可依据苗情进行追肥，通常定植后7天左右即可进行第1次追肥，可施用10%浓度的腐熟人粪尿或0.5%复合肥水，每隔5～7天施一次，以促进营养生长、培养壮苗；进入开花结瓜期，可适当增加用肥量，以促进开花、提高坐果率，在初花时可每亩施有机肥25～30 kg、复合肥15～20 kg、尿素10～15 kg，结合培土追施；进入盛果期后增施钾肥或复合肥，以延长采收期，一般每亩施有机肥30～35 kg、尿素20～30 kg和氯化钾15～20 kg或复合肥30～40 kg，每采收1～2次，可增施30%～40%的人粪尿一次。肥料追施方法有两种：一是在苦瓜行距间开一条10 cm深的沟，施入肥料后覆土，以防止养分挥发损失；二是在苦瓜株距间开一小沟，施入肥料后覆土。此两种方法均需在施肥后及时浇水，以提高肥效。

3. 叶面肥

在苦瓜生长各个时期均可进行叶面施肥，特别是苦瓜生长后期，由于根系开始老化，吸收能力下降，不能充分吸收利用土壤中的养分，此期间进行叶面施肥成为延缓衰老、提高产量的有效手段。可用于叶面喷施的肥料种类有化学肥料尿素、磷酸二氢钾、过磷酸钙、硫酸钾与各种微量元素肥料，以及市面上多种叶面肥料种类，如腐殖酸叶面肥、氨基酸叶面肥等。在苗期，如果幼苗长势弱，可用浓度为0.1%～0.5%尿素和磷酸二氢钾水溶液进行叶面施肥。在瓜秧抽蔓期开始喷0.05%～0.1%硼肥、锌肥，连喷3～4次，间隔7～10天。盛瓜期，在合理追肥的基础上，喷施0.2%尿素和0.3%磷酸二氢钾混合液，以防植株早衰、保持叶片功能，延长采收期和提高瓜的商品质量。另外，微肥溶后可与农药同喷，注意混喷时避免发生酸碱中和或沉淀、絮凝反应，否则，降低肥效或发生危害。

叶面施肥时，叶片吸收养分的数量与溶液湿润叶片的时间长短有关。湿润时间越长，叶片吸收养分越多，效果越好。一般情况下保持叶片湿润时间在30～60分钟为宜，因此，叶面施肥最好在傍晚无风的天气进行；在有露水的早晨喷肥，会降低溶液的浓度，影响施肥的效果。雨天或雨前也不能进行叶面追肥，因为养分易被淋失，起不到应有的作用，若喷后3小时遇雨，待晴天时需补喷一次，但浓度要适当降低。喷施要细致、周到，叶面施肥要求雾滴细小，喷施均匀，尤其要注意喷洒生长旺盛的上部叶片和叶的背面，

叶片背面比正面吸收养分的速度快，吸收能力强。作物叶面追肥的浓度一般都较低，每次的吸收量是很少的，与作物的需求量相比要小得多。因此，喷施次数不应过少（一般不应少于2～3次），而且每次喷施都应有一定的时间间隔。

二、豇豆

（一）豇豆需肥特性

研究表明，每生产1 t豇豆，需要纯氮10.2 kg。豇豆全生育期对氮、磷、钾的吸收，以氮最多，钾次之，磷最少，其比值为4.71：3.83：1.52。不同生育期对氮、磷、钾养分的需求表现为结荚初期最高，其次为结荚后期，而豇豆的前段生育期对养分的需求较小。豇豆属豆科植物，有根瘤共生，根瘤菌固氮活性随植株生长发育而增加，根瘤固氮可供给豇豆植株一部分氮素营养，但其根系侧根稀少，固氮能力相对较弱，在生产实际中后期追肥时，可适当减少氮素的用量。

豇豆植株的中微量元素需求量与累积量排序为：钙＞镁＞铁＞锌＞锰＞铜，其累积量的比值为29.4：6.00：0.32：1.00：0.02：0.04；豇豆钙、镁、锌和铜元素不同生育期需求量与累积量排序相同，均为：结荚初期＞结荚后期＞伸蔓期＞幼苗期；而豇豆铁和锰元素不同生育期需求量与累积量排序为伸蔓期＞结荚初期＞结荚后期＞幼苗期。增施中微量元素有利于豇豆优质稳产，改善豇豆品质；而热区土壤中锌元素含量普遍偏低，尚不能满足豇豆的正常生长需求，因此，在豇豆施肥及专用肥产品中补充锌肥，可促进豇豆产量与品质的提升。

（二）豇豆施肥技术

豇豆对氮肥、磷肥、钾肥需求量较大，豇豆施肥要以施基肥为主、追肥为辅，多施磷肥、钾肥、钙肥和镁肥。基肥不足时应该在开花结荚初期结合灌水或者利用雨天进行追肥，追肥应以追施氮肥和钾肥为主。

1. 基肥

具体肥料施用量要根据土壤的肥力情况而定，土质瘠薄，肥力较差的土壤，可多施些，对于肥力中等以上的土壤，可少施些。一般要求于定植前10天结合细耙精耕施足基肥，深翻25～30 cm，畦中开沟，每亩埋施腐熟有机肥1 500～3 000 kg（或商品有机肥150～500 kg）、三元复合肥20～30 kg、钙镁磷肥10～15 kg，缺硼田每亩应加施硼砂2～2.5 kg，然后覆土。热带地区土壤复种指数高，如土壤出现板结酸化、土传病害严重的情况，基肥可增加20～50 kg石灰或土壤调理剂。

2. 追肥

豇豆出苗后及时施提苗肥，可用300倍液生物菌肥水剂和有机水溶肥灌根，每隔3～7天一次，连续使用2～3次，利用含有地衣芽孢杆菌、解淀粉芽孢杆菌或枯草芽孢杆菌的微生物肥，促进土壤有益微生物的生长，以菌抑菌，改善根部微环境。以后应适当控制肥水，抑制植株徒长。在结荚初期，每隔7～10天追施一次，追肥2～3次，每次每亩施氮钾复合肥15～20 kg。盛花盛荚期要防止落花落荚，需要大量肥水，原则是勤施勤浇、薄施薄浇，保持肥水均衡供应。开花初期根据长势及土壤肥力情况，追施3～4 kg/亩海藻肥+5 kg/亩尿素一次，花荚盛期每6～7天追肥一次，每次追施复合肥7.5 kg/亩、速效钾2.5 kg/亩、钙镁磷肥5 kg/亩。盛荚期后植株进入生长后期，由于营养消耗，植株表现出长势减弱状态，此时加重追肥，促进侧芽萌发和生长，促进花蕾翻花，可延长采收期，根据植株生长情况，每亩可施硫酸钾10 kg、钙镁磷肥15～20 kg、尿素10～15 kg、500倍液氨基酸水溶肥2～3次。

3. 叶面肥

在植株生长关键期连续喷洒有机水溶肥料1 000倍液，或甲

壳素叶面肥1 000倍液，或核苷酸叶面肥1 500倍液等2～3次，可促进花芽分化，增强植株长势，促进豇豆早开花、早上市。开花结荚期，用萘乙酸钠4 mL、复硝酚钠4 mL兑水15 kg叶面喷施1～2次，有利于保花保荚。生长后期，可每隔10～15天，叶面喷施0.1%～0.5%尿素溶液加0.1%～0.3%磷酸二氢钾溶液，或0.2%～0.5%硼、钼、钙、镁等中微量元素叶面肥。

叶面施肥要特别注意浓度，不可过大，否则会出现叶片畸形的现象。叶面施肥最好在傍晚或早晨露水干后且于9:00前进行。叶面施肥后需要4小时内无雨，否则效果很差。

三、辣　　椒

（一）辣椒需肥特性

辣椒产量高，需肥量大，属于营养器官和生殖器官同步生育型，可连续多次采收。据研究，每生产1 000 kg辣椒，需氮（N）3.5～5.5 kg、磷（P_2O_5）0.7～1.4 kg、钾（K_2O）5.5～7.2 kg、钙（CaO）2.0～5.0 kg、镁（MgO）0.7～3.2 kg。

辣椒地上部干物质累积量呈"S"形曲线增加，开花期至膨果期地上部干物质累积量快速增加，成熟期增速放缓。果实干物质累积量增加的高峰值出现在膨果期。辣椒在苗期、开花期、结果期、膨果期和成熟期地上部干物质的累积量分别占整个生育期的10.7%、12.1%、11.7%、33.3%和32.3%。其中苗期和开花期干物质主要分配在茎叶中，分别占该时期干物质累积量的19.2%、80.8%和45.4%、27.0%；而在结果期茎叶的干物质累积量会减少；膨果期和成熟期干物质主要向果实中分配，分别占该时期干物质累积量的70.9%和92.9%。

辣椒地上部氮、磷、钾的累积量变化趋势大致相同，开花期至膨果期快速增加，成熟期增速减缓；不同生育期地上部植株养分的累积量$K_2O>N>P_2O_5$。苗期氮、磷、钾的吸收量分别占整个生育期吸收总量的 18.9%、20.7%和21.3%；开花期氮、磷、钾的吸收量分别占整个生育期吸收总量的 20.5%、15.4%和18.6%；苗期、开花期吸收的养分主要分配在茎叶中。结果期辣椒吸收的养分较少，氮、磷、钾分别占整个生育期的10.2%、10.7%和14.3%；成熟期对磷的吸收较多，氮、磷、钾分别占整个生育期的 12.8%、24.7%和7.4%；结果期和成熟期茎叶中的养分会向果实中转移。

辣椒地上部钙、镁、硼的累积量从开花期至成熟期呈"S"形增加，开花期至膨果期快速增加，成熟期增速减缓。钙、镁、硼在膨果期累积速率最高，不同时期地上部植株钙、镁、硼的累积量$CaO>MgO>B$。辣椒钙、镁的分配主要是在膨果期和成熟期，膨果期和成熟期钙的吸收量分别占整个生育期吸收总量的34.6%、29.3%，镁的吸收量分别占整个生育期吸收总量的33.3%、24.4%。辣椒膨果期和成熟期吸收的钙分别有89.4%、73.5%分配到叶中；镁在不同器官中的分配与钙不同，在膨果期主要分配到叶中，达65.0%，成熟期则主要分配到果实中，占该时期吸收量的57.0%，结果期茎中的镁会向果实中转移。辣椒对硼的吸收主要是在开花期和膨果期，分别占整个生育期硼吸收总量的21.4%和38.2%；开花期茎、叶、果实中硼的分配比例接近，分别为33.3%、37.0%、29.7%，而在膨果期辣椒吸收的硼主要分配到叶和果实中，分别占该时期硼吸收总量的46.0%、50.0%；结果期茎中的硼会向果实中转移。

辣椒施肥的关键在于调控辣椒生长所需的养分用量及配比，使其能够满足植株生长的需求。定植后施肥的重点在于促进根系的纵向深扎及横向扩展，并保证地上部可以快速生长，可追施少量氮肥，但用量不宜过大，否则易使植株徒长。盛花盛果期是辣椒生长过程中的关键阶段，需施足量的氮肥、磷肥、钾肥，此外，在花期、果期可根据植株生长情况追施硼、锌、镁等中微量元素，避免出现辣椒落花落果、生长迟缓、脐腐病等问题。结果后期，应当有

效控制氮肥的使用量，可适时增施磷肥和钾肥。

（二）辣椒施肥技术

辣椒属浅根作物，绝大部分根系集中在10～30 cm的耕层中，对营养物质的吸收能力相对有限。为避免辣椒营养缺失，需在土壤肥沃区域栽种，或在根区铺设施肥管道，并施加足量的有机肥和化肥。根据辣椒的养分需求规律，辣椒对氮肥和钾肥需求量较大，对磷肥的需求量偏小，此外还需多施钙肥和镁肥等中量元素肥，补充硼肥、钼肥等微量元素肥。不同的地力水平和目标产量，肥料施用量也不同。

1. 基肥

露地栽培基肥一般以有机肥为主。具体肥料施用量要根据土壤的肥力情况而定，土质瘠薄，肥力较差的土壤，可多施，对于肥力中等以上的土壤，可少施。肥力中等的地块，每亩施腐熟有机肥1 000～2 000 kg（或商品有机肥250～600 kg），钙镁磷肥20～50 kg，三元复合肥20～50 kg。

2. 追肥

一般开花结果前，应控水控肥，蹲苗促根，若长势较差，可随水冲入少量的氮肥促生长，从定植后开始用含甲壳素、海藻酸的肥料或腐殖酸液肥灌根2～3次，每隔10天左右灌一次，有利于生根壮苗。采用膜下微喷灌模式，可通过水肥一体化设施进行追肥，坐果期追肥3次，每亩追施平衡型或高氮型水溶肥5～8 kg；初果期追肥3次，每亩追施高钾型水溶肥6～8 kg；盛果期追肥5～6次，每亩追施高钾型水溶肥7～9 kg。整个生育期每亩追施纯氮量为12～16 kg，氮、磷、钾每亩用量分别为12～16 kg、6～8 kg、19～22 kg。如采用沟灌或者穴施，追肥用量可增加10%～20%，穴施时应将肥料埋入土下，距根际5～10 cm处。

3. 叶面肥

中微量元素施肥按照因缺补缺的原则，在开花结果期开始喷施含钙、镁的中微量元素水溶性肥料，每次间隔10～15天，全生育期喷施4～6次，叶面喷施硼肥2～3次。

四、西瓜、甜瓜

（一）西瓜、甜瓜需肥特性

西瓜整个生育期吸收钾最多、氮次之、磷最少，不同区域西瓜养分吸收也存在明显差异，生产1 t西瓜的养分需求范围为氮（N）2.4～3.1 kg、磷（P_2O_5）0.8～1.2 kg、钾（K_2O）2.9～3.7 kg。受种植品种、栽培模式、养分供应等影响，单位产量西瓜的养分吸收量不同。西瓜生长的不同时期对养分需求量不同，不同时期的养分需求量前人研究结果不完全一致，但总体表现出前期氮、磷、钾养分吸收少，中后期偏多的特点。幼苗期营养生长量小，对氮、磷、钾吸收少，为肥料的缓慢吸收阶段。一般幼苗期氮、磷、钾的吸收量仅占总吸收量的0.5%～1%。第1雌花期是植株干物质累积较大的时期，也是氮和磷吸收的第1个高峰。成熟期是养分的快速吸收阶段，是西瓜的需肥高峰期，对氮、磷、钾的吸收量占全生育期总量的85%左右。第1雌花出现到果实膨大后期，钾素吸收占据西瓜养分吸收的主导地位。另外，西瓜的生长过程中，钙、镁、硼、锌等中微量元素也是必不可少的，如钙能稳定细胞膜、稳固细胞壁、促进细胞伸长和根系生长，缺钙容易造成西瓜脐腐病。

甜瓜生育初期主要促进植株的地上部和地下部的营养生长，后期则主要促进地上部的生长，尤其是果实占主导地位，后期果实重量急剧增加，远远超过根重、茎重和叶重。甜瓜全生育期对氮、磷、钾的吸收，以钾最多，达7.34 g/株，氮次之，为2.31 g/株，磷最少，仅为0.90 g/株。每生产1 000 kg甜瓜，需要吸收氮1.36 kg、磷0.53 kg、钾4.32 kg，氮：磷：钾=1.00：0.39：3.17。各生育期植株氮、磷、钾的吸收量不同，苗期氮、磷、钾的吸收量最小，膨

果期最大。各时期氮、磷、钾吸收比例也不同，伸蔓期甜瓜对氮的吸收量大于磷和钾，膨果期开始对磷、钾的吸收量大于氮。

甜瓜整个生育期有2个需肥敏感期，在定植45天左右，甜瓜的果重进入速生期，此期为甜瓜第1个需肥敏感期，应及时追施含钾量高的膨果肥，以促进果实膨大发育；在定植50天左右，果重的增长速度最快，定植55天为甜瓜第2个需肥敏感期，需追施增甜肥，虽然果重增长基本结束，但果实糖分累积和口感风味形成仍需大量矿质元素，应及时追施微量元素、钙和钾含量较高的肥料，以满足果实需肥敏感期的营养需求，提高果实商品率。

（二）西瓜、甜瓜施肥技术

西瓜属喜肥性作物，需肥量较大，但根系耐肥力弱，土壤溶液离子浓度偏高或有机肥未腐熟，易烧根。西瓜在整个生长过程要求足够的养分，一般每亩纯氮、磷、钾总需量为氮35 kg、磷18 kg、钾23 kg，比例为1∶0.51∶0.66。在实际生产中，不同地区和土质上种植西瓜其施肥量和施肥次数也有所不同。

基肥：基肥为西瓜提供整个生长期所需的营养，对于促进根系生长和维持植株长势有重要的作用，非一般追肥所能代替，特别是土质较为贫瘠的田块，应该更加重视基肥的施用。基肥占总施肥量的70%以上，以肥效长、养分完全的有机肥为主，辅以适量无机肥。定植前15～20天，土壤深翻、耙细、整平，每亩撒施或层施经30～45天堆沤腐熟的优质农家肥1 000～1 500 kg/亩或商品有机肥400～600 kg/亩，钙镁磷肥15 kg/亩，另加三元复合肥25 kg/亩，硫酸钾15 kg/亩，与土壤充分混匀。对于沙质较重的土壤，复合肥则应减量施用，应增施有机肥，以防引起肥害。

追肥：西瓜追肥的原则是轻施苗肥，巧施伸蔓肥，重施膨瓜肥。苗期可根据幼苗长势和土壤情况决定是否追肥。土壤肥沃，幼苗生长健壮时，可少施或不追肥；土壤瘠薄，瓜苗长势较差时，可适当施氮肥，配施磷钾肥，特别要重视钾肥的早施，增施钾肥能明显提高果实的品质和产量，即每亩用三元复合肥10～12 kg、钾肥3～4 kg。中期管理，一要巧施伸蔓肥，每亩加三元复合肥15～20 kg、钾肥10 kg左右；二要重施膨瓜肥，即在这一时期果实坐稳后如鸡蛋般大小时每亩施三元复合肥10～15 kg、钾肥6 kg左右、尿素4 kg左右；4～5天后，再每亩施三元复合肥12～15 kg、钾肥7 kg左右、尿素4 kg左右；以后视其生长情况再适当补施1～2次三元复合肥与尿素，每次约6 kg。收瓜前7天停止施肥。整个生育期注意增施钙、镁、硼等中微量元素叶面肥，可喷施0.1%～0.2%硼砂溶液、0.1%～0.3%高钙叶面肥，每7～10天施一次。

西瓜幼苗期宜少量追肥，一般在距根10～20 cm处施肥，不能离根太近，避免造成烧根。西瓜伸蔓期避免施用含氯化肥，因为西瓜是忌氯作物，氯会影响糖分累积，使瓜味变淡。不宜过多施用人粪尿，因为人粪尿中含氮较高，容易引起植株徒长，使坐瓜困难，影响西瓜的口感。如西瓜结果期外界温度变化过大或土壤忽干忽湿的情况下尽量不进行冲施肥，易造成西瓜裂果。高温期可以选择在清晨或傍晚地温稍低时浇水冲肥。阴雨天气不宜进行冲施肥，不仅造成肥料浪费，而且容易引起西瓜植株徒长。

甜瓜生长期以有机肥和无机肥并重的施肥方法是使植株快速生长、保持叶片浓绿充实、提高抗病能力、防止衰老、提高产量的基础；在开花结果后，逐渐增加含钾、钙元素肥料的量，促进果实糖分的形成和累积，提高果实品质。

基肥：基肥一般在前茬作物收获后对土壤进行耕翻时施入，基肥一般采用商品有机肥，也可以采用其他农家肥（但必须进行熟化处理）。种植前每亩施沤熟农家肥2 000 kg、钙镁磷肥30～35 kg、硫酸钾20～25 kg、三元复合肥30～40 kg等，将这些肥料作为基肥一次性施下；移栽以后根据不同生育期和植株生长实际情况，通过肥水一体化同时补水补肥。

追肥：追肥施肥原则一般为前期偏施氮肥，中后期以高钾肥为主。整个生育期追肥4～8次。由于微灌施肥直接施用于甜瓜根部，

故应贯彻少施、勤施方针，不宜采用"一炮轰"的施肥方法。为了保证甜瓜品质，追肥以采用有机液体冲施肥为主，水溶性氮、磷、钾冲施肥为辅。固态冲施肥要充分搅拌，使其全部溶解。整个生育期注意增施钙、镁、硼等中微量元素和氨基酸、寡糖类等叶面肥。

五、番　　茄

（一）番茄需肥特性

番茄产量高，需肥量大，耐肥能力强，对钾、氮、钙、镁的需求量较大。研究表明，番茄养分吸收量顺序为：钾（K_2O）＞氮（N）＞钙（CaO）＞磷（P_2O_5）＞镁（MgO）＞铁＞锌＞锰＞硼＞铜。每生产 1 t 番茄果实，作物的氮（N）、磷（P_2O_5）、钾（K_2O）、钙（CaO）、镁（MgO）吸收量分别是 2.5～2.6 kg、0.9～1.0 kg、3.3～5.4 kg、2.2～2.3 kg、0.4～0.5 kg，铁、锰、锌、硼、铜的吸收量分别为 18.0～20.3 g、5.0～7.3 g、4.1～12.6 g、2.8～4.3 g、1.7～3.4 g。在定植前番茄对养分的吸收量较小，定植后随生育期的推进逐渐增加，从第 1 穗果膨大开始，养分吸收量迅速增加。番茄整个生育期对氮的吸收规律呈"S"形曲线，分别在盛花期和果实膨大期达到吸收高峰，其中果实膨大期对氮的吸收量占整个生育期的 50.38%；番茄对磷和钾的吸收量也在果实膨大期达到最大，分别占整个生育期的 61.57% 和 71.24%。番茄对钙、镁、铁、锰、锌的吸收主要集中在结果期，吸收比例分别为 34.2%～59.7%、33.2%～63.4%、34.8%～53.2%、42.0%～56.5%、55.4%～61.5%，对硼、铜的吸收集中在开花期，吸收比例分别为 32.7%～41.4%、30.5%～41.5%。

番茄是茄果类作物，边现蕾、边开花、边结果。因此，在生产上要注意调节其营养生长与生殖生长的矛盾，才能获得高产。前期番茄营养生长与生殖生长均旺盛，氮钾（$N : K_2O$）适宜追施比例为1∶1左右；中期大量钾素随果实采收而移走，应增加钾肥施用量，氮钾（N∶K$_2$O）追施比例宜为1.0∶（1.2～1.4）；后期番茄植株营养生长减缓，应重视氮钾肥平衡施用，氮钾（N∶K$_2$O）追施比例应为1.0∶1.2左右。虽然番茄苗期对磷的吸收量较小，但磷对番茄的生长发育影响较大，供磷不足，不利于花芽分化和植株发育，因此，在苗期应注意磷肥施用。

（二）番茄施肥技术

1. 设施大番茄

基肥：采用高垄覆膜、膜下滴灌的栽培方式。整地要做到土地平整细碎，无根茬、秸秆及废旧地膜等杂物，使得20～30 cm耕层土壤细碎疏松，墒情好，底肥足。在定植前1周，每亩施腐熟优质农家肥3 000 kg、菜饼100 kg、钙镁磷肥25～50 kg、复合肥50 kg，基肥以撒施或沟施为主。然后整平地面，做成宽约120 cm，高15～20 cm的畦，畦面中间铺设2根滴灌带，用以灌溉和补充养分，采用膜下滴灌，既可节约灌水，又可降低设施内空气湿度，减少病害的发生。

追肥：定植时浇灌定根水，缓苗后浇灌稀粪水提苗，其后，视土壤墒情适时浇水，整个生长期保持土壤湿润。采用膜下滴灌，不使用明水漫灌。由于地膜覆盖栽培，采取滴灌随水追肥和喷施叶面肥的方法。第1穗果膨大时，选晴天上午每隔10～15天追一次肥水，每次追施充分腐熟的人畜粪水300～400 kg/亩、复合肥10～15 kg/亩。根据需要，增施钙、镁、硼等中微量元素和氨基酸、寡糖类等叶面肥。

2. 露天樱桃番茄

基肥：地块要深耕，用旋耕机旋耕，以利于樱桃番茄深扎根。在深耕时施高钾复合肥100 kg/亩和腐熟的鸡粪或牛粪5 000 kg/亩作基肥，旋耕之后起畦垄，通常畦垄宽0.8 m，畦间留0.6 m排水沟，便于灌溉和排水，畦面覆盖好地膜，以备移栽。

追肥：移栽后的缓苗期，不旱不浇水，其间可喷施叶面肥，促进缓苗、壮苗，叶面肥可用磷酸二氢钾（0.2%）和尿素（0.2%）的混合液。一般在移栽樱桃番茄7天左右开始进行第1次追肥，追肥可选用富含腐殖酸或氨基酸的有机水溶肥，用水稀释后灌根，主要是为了保证根系发育所需的营养，保证根系发达，从而提高抗旱能力，促进营养的吸收。当第3串花开始坐果时，进行第2次追肥，因为从这个发育阶段开始是樱桃番茄营养大量需求期，所以当果实开始成熟时要及时追施第3次肥，追肥都以富含钾的复合肥为主，每次追施15～20 kg/亩，用水溶解后灌根。每次摘完果都要追施硫酸钾和尿素肥料，施用10 kg/亩左右，每周浇一次水，同时配施中微量元素叶面肥，这些措施可以保证果实迅速膨大，同时还可以防止早衰，增加总产量。

六、叶　　菜

（一）叶菜需肥特性

叶菜类蔬菜种类繁多，大部分以鲜嫩的茎或叶供用，一般生长期短，植株较小，根系较浅，生长迅速，养分、水分消耗量较大，所以必须保证充足的肥水供应。叶菜类蔬菜种类很多，其营养共性是养分需求量大。由于复种指数高，所以养分需求量比粮食作物要大，叶菜蔬菜的可食用部分比例大，归还给土壤的养分相对比粮食作物少，所以带走的养分较多，对某些养分有特殊需求，如喜硝态氮素，对钾素和钙素的需求量大，对缺硼和缺钼比较敏感。

绿叶菜类蔬菜生长期短，以氮素营养为主，增施钾肥能改善商品品质和食用品质。以小白菜为例，每亩小白菜需要吸收氮（N）5.9～10.93 kg、磷（P_2O_5）1.6～2.2 kg、钾（K_2O）3.2～7.05 kg，吸收比例约为1：0.2：0.65。小白菜对养分的需求量与植株的生长量密切相关，生长初期植株的生长量小，养分吸收少；进入旺盛生长期，养分吸收量加大，此期氮肥用量影响产品的产量和质量，如果氮肥不足，叶片会变小、变黄，食用率低。所以应施足基肥，及时追施氮肥，移植缓苗后追施少量氮肥，旺盛生长期速效氮肥的追施量要加大。此外，还需补充硼、钙等中微量元素肥料。

结球类叶菜需肥量大，当叶球形成时，不仅需要较多的氮，也需要大量的钾。以大白菜为例，研究表明，成熟期鲜重 10 kg 的大白菜，需吸收氮、磷、钾量分别为 22～23 g、3.5～3.9 g、21.6～22.4 g。不同生长时期，大白菜的生长量和生长速度不同，对营养条件的要求也不同。总的吸肥特点为：苗期吸收养分较少，氮、磷、钾吸收量不足总吸收量的 1%；莲座期明显增多，约占总吸收量的 30%；结球期吸收养分最多，约占总吸收量的 70%。各生育阶段氮、磷、钾的需求比为幼苗期 1.0∶0.2∶0.8、莲座期 1.0∶0.25∶0.75、结球期 1.0∶0.5∶1.0。此外，大白菜需硼和钙较多，硼素不足，易引起心叶、叶柄发黑，品质降低，缺钙易出现"干烧心现象"。

（二）叶菜施肥技术

1. 小白菜施肥技术

小白菜是浅根系作物，须根发达，分布在耕作层，再生能力强，适于育苗移栽。选择肥沃菜田作苗床，每亩施充分腐熟农家肥 1 000～3 000 kg，肥土混匀后过筛作床土，浇足水后及时播种。

冬、春季小白菜每亩施充分腐熟农家肥 1 000～3 000 kg（或商品有机肥 200～400 kg）、磷酸二铵 20～25 kg、硫酸钾 10～15 kg，或三元复合肥（15-15-15）40～50 kg。施肥后深耕、耙平，做成宽 0.9～1.5 m 的高畦。缓苗后 10～15 天，当新叶完全展开后，开始浇水追肥。采收前 7～10 天，每亩追施尿素 10 kg 或硫酸铵 15 kg 或高氮型大量元素水溶肥料 10 kg。有滴灌设施的可进行滴灌水肥一体化追肥，没有滴灌设施的可将化肥溶解后随水冲施，特别注意肥料要充分溶解混匀，且施肥浓度不宜过大，以防烧苗、烧叶，影响商

品性。

夏、秋季每亩施充分腐熟人畜粪1 000～2 000 kg（或商品有机肥200～300 kg），整地时撒施，每亩配施石灰70～100 kg，做成深沟、高畦、窄垄，畦面耙平、耙细。全生长期追肥2～3次，播种后14天左右追肥，以后每隔5～7天追肥一次，收获前7天停止施用；追肥采用10%～30%沼液或1%～3%易溶解的矿质多元复合肥液，折合每次施速效氮肥5～10 kg/亩。播种后及时浇水，保证齐苗、壮苗；定苗、定植或补栽后及时浇水，促进缓苗。旺盛生长期要保证水分供应，每次喷灌5～10分钟，遇高温干旱时，可早晚喷水2次。若规模种植，采用微喷灌效果较好，其中又以倒喷灌效果最佳。但多雨时，需及时排水，避免田间积水。

2. 大白菜施肥技术

施足基肥是大白菜丰产的基础。一般老菜地土壤肥力较高，有机肥应适量施用，一般每亩可施用有机肥150～200 kg；土壤肥力不高的新菜地，不仅应重施有机肥，而且应与磷肥混合施用。

大白菜子叶长出后，主根已达10 cm，并发生一级侧根，具有吸水吸肥能力。在基肥不足或未施种肥的情况下，要施少量提苗肥，每亩施尿素5～8 kg，促进幼苗生长。施肥时应重点偏施小苗、弱苗，促其形成壮苗。

莲座初期和包心前的2次追肥是大白菜丰产的关键。此时大白菜处于快速生长期，需增加追肥量，以氮肥为主，并配施磷钾肥。在莲座后期和叶球形成期要注意控制养分，适当蹲苗，防止莲座叶徒长而延迟叶球形成。结球初期需氮素较多，应追肥一次，一般每亩施纯氮6～7 kg，同时配施钾肥15 kg。在结球中期，为延长外叶功能，延缓叶片衰老，可视土壤肥力适当追肥。总之，大白菜结球初期是高效施肥期，对产量具有决定性作用。同时在生育期间叶面喷施0.5%～1%尿素和磷酸二氢钾混合溶液，可提高大白菜的净菜率，提高商品性。

第九章 油料类作物科学施肥技术

一、椰 子

（一）椰子需肥特性

椰子是热带农业中具有代表性的热带果树和热带经济作物，有很高的开发利用价值，椰果及其加工产品拥有广阔的国内外市场。椰子适应能力强，各种类型的土壤都可以种植，但土层深厚、质地疏松、土壤通透性和排水均良好、有机质含量比较肥沃的冲积土、沙壤土、红壤土较适宜。然而，我国大部分椰子种植在贫瘠的土壤上，主要分布在海南东部和南部沿海一带滨海松沙土、海积潮沙土、花岗岩砖红壤及玄武岩砖红壤等土壤上，土壤养分非常贫乏，氮、磷、钾含量很低，特别是速效磷极缺。我国椰子主产区海南椰子园土壤综合质量评价显示，海南椰子园土壤综合质量总体偏低，大部分地区养分处于中下水平。因此，为了获得较高的椰子产量及品质，在椰子种植过程中需要合理施用肥料。

中国热带农业科学院椰子研究所研究表明，椰树的椰子产量与叶片氮、磷含量呈显著正相关，即椰子产量随叶片氮、磷含量增加而增加。因此，氮肥和磷肥是椰树施肥的重点，尤其是氮肥能使植株速生、叶片发育快和早开花，故氮肥更应作为幼龄椰园施肥的重点。结果椰树每株平均年需吸收氮0.7 kg、钾1.0 kg、磷0.3 kg、氯0.9 kg、钙0.3 kg、镁0.1 kg。可见，椰树对钾的需求量最大，其次是氯。氯在营养生长和果实生长中需求量相近。营养生长吸收的养分以氮和氯最高，其次是钙、钾。从椰子生长和开花结果产量的

情况看，对于长相、长势较差的低产椰园，应重施氮肥，其次是磷肥，以增加椰果产量。对于高产椰园，应在施氮肥、磷肥的基础上增施钾肥，以增加单果椰干的重量。

椰子是多年生常绿乔木，全年均可吸收养分。椰子为须根系，由不定根与其他各级支根（营养根）和呼吸根构成。从树干基部放射状长出的根称不定根，50龄椰树不定根4 000～7 000条，从不定根生长的侧根为分根，总称营养根，分布在10～50 cm土层中、树基部2 m半径范围内，组成养分吸收系统。因此，椰子施肥时还需要兼顾根系的分布特点，才能达到施肥效果最大化。

（二）椰子施肥技术

椰子主要是在生长旺季施肥。椰子小苗定植约2个月后，当椰苗长出新根、小苗返青，就应开始追肥。在施用有机肥和复合肥的基础上，根据椰子植株缺素的具体情况，通过施用适量的化学肥料和微量元素肥料对植株给予养分补充。椰树的花序从分化形成到果实成熟，约需3年，施肥的产量效应要3年才显现，但施肥对椰子树长势、果实长大、椰肉增厚和提高坐果率方面的影响则1～2年即可见效。在海南3—9月椰树生长发育最快，是施肥的理想时期。一般是在4—5月（小雨季）及11—12月施肥，大雨季的7—9月因肥料易被淋失而停止施肥。结果很少的低产椰树，对施肥的反应比高产的椰树显著得多，增加低产树的施肥量，增产效果显著，经济效益也好，故在限于条件而不能全面施肥时，要首先抓紧对低产园或低产树施肥。比较肥沃的土壤每年只需施肥1～2次；土壤结构不良、保水保肥能力差的贫瘠沙土，每年需施肥3～4次。

1. 苗圃肥

椰子苗圃重施基肥，每公顷施优质有机肥料19 500～22 500 kg和椰树专用肥1 500～1 950 kg，或用氯化钾、过磷酸钙和硫酸镁的混合肥1 950 kg代替专用肥。在2月龄时，每株追施专用肥50～60 g或用硫酸铵25 g、氯化钾25 g、氯化钠40 g代替专用肥。5月龄时再施肥一次，每株施用椰树专用肥80～100 g或用硫酸铵20 g、氯化钾25 g、氯化钠40 g代替专用肥。

2. 椰子幼树施肥

椰子长叶阶段的1～2龄幼树，应以施用氮肥为主，适当配施磷肥、钾肥。3～4龄幼树，叶片生长已定型，花芽开始形成，露茎后花苞即将抽出，此时应适当增施磷肥、钾肥，以利于花苞发育，减少败育和公苞出现。中等肥力的土壤，1～3龄幼树每年每株施用有机肥20～30 kg、尿素0.25～0.35 kg、过磷酸钙0.25～0.50 kg、氯化钾0.15～0.25 kg；4～6龄幼树每年每株施用有机肥30～50 kg、尿素0.35～0.50 kg、过磷酸钙1.0 kg、氯化钾0.35～0.50 kg。施肥时间应在椰子生长发育速度快的3—9月，在旱前、雨后和土壤湿润的时候较为适宜。肥料宜施在树冠1/2～2/3处，深度20 cm。

3. 椰子成龄树施肥

成龄树施肥应根据土壤类型，应用土壤和叶片营养分析方法，了解椰园土壤肥力水平与椰树的营养状况和需求，科学施肥。在滨海沙土的椰园要施用大量有机肥，山地砖红壤的椰园在施用氮、磷、钾肥料的同时还要施用一定的粗盐，河流冲积土和有机质含量高的土壤，因土壤肥力水平高，在营养诊断基础上，适当以施用矿质肥料为主，尤其是氮肥、磷肥。中等肥力水平的成龄椰园每年每株施有机肥30～40 kg，有用绿叶压青的，每株施40～50 kg。如果施用化肥，宜在土壤水分充足时期施用，在干湿季节明显的地区施化肥宜在雨季进行，旱季则必须配合灌溉。

在营养生长前期，适当地增加含氮量较高的无机化学肥料的施用量，促进椰子树的发芽分化，提高开花结果率；在椰子树的开花期，多施磷肥能提高开花率、防止落花落果、提高椰子的产量和质量；在椰子生长旺盛期即结果后期，增加钾肥的施用量及比例能促进椰子的膨大，提高果实味道的鲜美度和厚重度。椰子施肥过程中还需要注意与有机肥配合施用，沿海地区海洋废弃物虾糠、鱼粉、渍鱼肥等含有丰富的植物养分，是椰树的良好肥料。海藻富含钾

肥、磷肥，每年施25～50 kg/株，肥效显著。水母、海草、海泥等也可作为椰树的肥源。另外，海南椰子园土壤均处于缺硼状态，应重视硼肥的施用，以改善椰园缺硼现象。

二、油　　棕

（一）油棕需肥特性

油棕是一种需要大量氮、磷、钾和镁的作物。在非洲和东南亚，根据产量和分析结果，对油棕吸收的各种养分的估计表明，20 t鲜果穗吸收的养分平均为：氮（N）56 kg，磷（P_2O_5）22 kg，钾（K_2O）105 kg。

油棕适宜生长在富含腐殖质、pH 5.0～5.5的土壤。

油棕树每年施肥4次为佳，施肥时间在3月、7月、9月、12月，7—8月应提高氮和钾的施用量。缺氮时，油棕苗和大田幼树的叶片全部呈淡绿色至黄色。平均每年每株油棕施氮（N）1.2 kg、磷（P_2O_5）0.4 kg、钾（K_2O）2 kg，能使油棕生长良好，获得高产。

在极度水分胁迫（干旱或洪涝）下，细胞的分裂分化或体积扩大受阻，茎秆伸长迟缓，叶片生长速率降低，会导致油棕株高生长缓慢。氮肥的适当增加能促进油棕株高的生长，磷肥增加将抑制油棕株高的生长，在旱季和干旱时期灌溉能促进株高的生长。

油棕开花期对钾素需求量大，由于钾素的移动性强，8月后，随着油棕果实的大量成熟，叶片中的大量钾素向果穗中转移，造成叶片含钾量降低，12月随着雨量减少与气温的降低，叶片中钾素向根茎转移、储存，使得叶片的钾素一直不能够提高。因此，建议在8月、12月可采用叶面补钾的方式，以改善缺钾对油棕叶片的影响。

在开花期，由于水分和养分供应不足造成的果穗败育是油棕果穗减少与产量降低的主要原因。多钾少镁有利于果穗数量增加，磷肥的施用一般为一年一次。

综合油棕的生长特点，可在非常合适的施肥时期施用微量元素以减少缺素症的发生。

（二）油棕施肥技术

1. 基肥

定植前3天，每穴施入商用有机肥20～30 kg和0.5 kg复合肥（15–15–15）作基肥。

2. 追肥

定植后第2年，在非生产期采用环状沟、条状沟或放射状施肥方式，每年施商用有机肥10～20 kg/株；采用环状沟或穴状施化肥0.66～1.20 kg/株，肥料配比为N：P_2O_5：K_2O = 1：0.15：0.5，每株施肥量为氮（N）0.4～0.7 kg、磷（P_2O_5）0.06～0.1 kg、钾（K_2O）0.2～0.4 kg。非生产期幼树每2个月追肥一次。

在生产期施肥，施肥量根据果穗产量确定，采用环状沟、条状沟或放射状施肥方式每年施商用有机肥20～30 kg/株，化肥的施用量可参照表2，施肥配比为N：P_2O_5：K_2O：MgO：CaO = 1：0.3：1.5：0.4：0.4，同时可根据土壤养分测定值微调。生产期的成年树追肥在4—6月和10—12月，分2～4次施用。

表2 油棕不同果穗产量推荐施肥方案

果穗产量 /(t · hm^{-2})	N /(kg · 株$^{-1}$)	P_2O_5 /(kg · 株$^{-1}$)	K_2O /(kg · 株$^{-1}$)	MgO /(kg · 株$^{-1}$)	CaO /(kg · 株$^{-1}$)
5	2.0～4.0	0.5～1.0	2.5～5.0	0.8～1.5	0.7～1.5
10	3.5～7.0	1.0～2.0	4.0～8.0	1.5～3.0	1.2～2.5
15	5.0～10.0	1.5～3.0	6.0～12.0	2.0～4.0	1.5～3.0
20	6.0～12.0	2.0～4.0	7.0～14.0	3.0～6.0	2.5～5.0

三、油　茶

（一）油茶需肥特性

油茶是我国特有木本食用油树种，秋花秋实，花和果同时俱在，其果实生长与新梢生长交替进行。3月初油茶开始抽生春梢，3—5月是春梢生长最旺盛的季节，5月底春梢停止生长后，果实开始快速生长，6—7月油茶果实的体积增大速度最快。根系生长第1次高峰从12月开始，发根数量比较多，第2次高峰出现在秋梢停止生长以后。油茶根系主要集中在0～40 cm土层，五年生至十五年生油茶根幅在2 m以内，十五年生至三十年生油茶根幅可扩展到4 m左右。油茶从种子萌发到幼龄期，再到盛果期，不断从土壤中吸收各种大量元素和中微量元素来满足生长发育的需要。油茶树器官的营养元素平均含量呈现出氮＞钾＞镁＞钙＞磷的趋势，营养元素含量最高的是果和叶，最低的是树干。叶和枝的氮、磷、钾含量随林龄增大而逐渐减少，枝中钙含量随枝龄增大而增加。

油茶整个生育期需肥量大，不同生长期对营养元素需求也不同，油茶苗期及幼林对氮需求量大，而成林则对钾需求量较大。苗期养分需求表现为氮＞钙＞钾＞镁＞磷，幼林大量元素需求为氮＞钾＞磷。油茶幼林每形成1 kg干物质，需吸收氮6.35 g、磷0.59 g、钾4.32 g、钙3.68 g、镁0.84 g、硼0.016 g、锌0.041 g、铁0.240 g、铜0.004 g。油茶成林大量元素需求为钾＞氮＞磷，每形成1 kg干物质，需吸收氮3.75 g、磷0.52 g、钾4.77 g、钙3.40 g、镁0.64 g、硼0.016 g、锌0.012 g、铁0.226 g、铜0.004 g。由于油茶生长发育过程中需要从土壤中吸收大量营养元素，易造成土壤养分不足，致使油茶生长缓慢、产量下降，易造成明显大小年的现象。

施肥作为油茶林地重要的管理措施，对于促进油茶生长、提高油茶产量和品质具有重要作用。施肥的种类和用量、施肥的时期和方式对油茶的营养生长、开花结果和种子出油率等都有重要影响。施肥可促进油茶树高、冠幅和地径的增长，影响顺序为氮＞磷＞钾。施肥后，油茶叶片中的铁、锰、铜呈上升趋势，氮、磷、钾、锌整体上呈下降趋势。叶片中氮、磷、钾元素之间呈正相关关系，这三种元素与铁、锰呈负相关关系，元素铁、锰、铜之间呈正相关关系。氮肥单施对油茶的营养生长有明显的促进作用，可促进新梢、叶、花芽、种仁等产量构成因素的增加，可明显增加产油量并减小大小年间的产量差异；但氮肥用量过多会促进夏梢生长、延长花期、增加落花落果、降低种仁含油率，肥料效率显著降低。施磷肥和钾肥可促进油茶侧根的分化和生长，提高坐果率。单施氮肥、磷肥和钾肥通常都会起到一定的增产作用，但增产幅度远小于配合施用的效果。

（二）油茶施肥技术

1. 幼龄油茶施肥

油茶的幼年阶段包括胚芽期、幼苗期、幼年期。幼年期是油茶植株完全脱离胚胎的营养生长，依靠光合作用进行独立的营养生活阶段。油茶幼年期的长短因物种和品种不同而有所差异，一般为5～6年。幼树的营养生长直接关系到结果期的油茶产量，因而对油茶幼年期的施肥管理十分重要。幼林施肥应以腐熟的有机肥为主，坚持速效肥与迟效肥结合、有机肥与无机肥结合的原则，以获得较好的施肥效果。

油茶栽植当年可以不施肥，有条件的可在6—7月树苗恢复后适当浇些稀薄的人粪尿，或每株施25～50 g的尿素或专用肥；以后每年3月新梢萌动前半个月左右施入氮肥，每株0.1～0.5 kg，以供应抽梢展叶、花芽分化、果实生长的需要；11月上旬则可用火土灰或腐熟有机肥作为越冬肥，每株5～10 kg，随着树体的增长，施肥量逐年递增。在幼林地可间种花生、豆类及黑麦草、紫云英等绿肥，并及时收割培肥，间种作物要与油茶保持60 cm以上距离。油茶幼

树易受冻害，11月施足保暖越冬肥，还可根据枝梢生长情况，在10—11月用0.2%磷酸二氢钾溶液进行叶面施肥，以利于越冬。

2. 成年油茶施肥

成年后的油茶林每年需要施肥2～3次，一般为春季3—4月、冬季11月至翌年1月或夏季6—7月。前2次施肥为每年必须施肥，夏季施肥根据油茶树的果实数量和叶片颜色、树势进行施肥，如挂果量大、叶片偏黄，可增施复合肥0.3～0.5 kg/株作保果肥，预防落果，促进花芽分化。春季施肥以施化肥为主，复合肥（氮、磷、钾总量＞30%）施肥量为0.5～1 kg/株，提供油茶春梢、果实生长所需的养分；冬季施肥以施有机肥为主，施肥量为2～3 kg/株，主要用于改良土壤、保护根系。施肥主要采用沟施，在树冠投影线外沿挖环形沟，沟宽、深均30 cm左右，将肥料与土壤搅拌均匀，及时覆土。

油茶处于花期时，可以适当喷施营养元素肥（包括磷酸二氢钾、硼酸、氯化镁、尿素等水溶肥），每15～20天喷施一次，以利于提高油茶的坐果率。此外也可在7—9月油脂转化高峰期喷施磷酸二氢钾，可显著提高果实含油率。对于土壤贫瘠、有机质含量低的油茶林地，可在春、秋季种植黑麦草、三叶草、牛尾草等。在油茶树蔸60 cm范围或树冠投影之外间作，每年将割下的草覆于地表，既能防止土壤干燥，又可成为有机质供应源，通过多年的种植，逐步改良土壤。

第十章　粮食类作物科学施肥技术

一、水　　稻

（一）水稻需肥特性

水稻对氮素的需求量大于对磷和钾的需求量，早稻吸氮最多的时期是分蘖—拔节期，约占总吸氮量的60%，晚稻吸氮最多的时期是分蘖期，约占总吸氮量的40%，但两系杂交稻在中后期仍有不少的吸氮量，占总吸氮量的30%～48%。一般早稻仅在分蘖—拔节期出现一个吸氮高峰，晚稻在分蘖期和孕穗—抽穗期分别出现两个吸氮高峰。

早稻吸磷高峰期从拔节期一直持续到灌浆—成熟期；而晚稻吸磷高峰期为分蘖期，占总吸磷量的58%，中后期吸磷量很少。根据水稻的磷素营养规律，前期吸收的养分将在中后期从茎叶中大量转运到稻谷中，可使稻谷中的磷素分配率（稻谷中磷占总磷的百分数）达70%。钾素吸收与磷相似，早稻吸钾高峰持续时间长，而晚稻仅在分蘖期就吸收了占全生育期55%的钾。

除三大营养元素外，还需钙、镁、锰、锌、硼、钼等中微量元素。硅是水稻的有益营养元素，水稻不同生育时期对硅的吸收能力差异也较大，水稻在分蘖—抽穗期对硅的吸收能力最强，为总吸硅量的65.3%～66.5%，在移栽—分蘖期对硅的吸收能力最弱，为总吸硅量的9.1%～9.6%，成熟期吸收能力在两者之间，为总吸硅量的23.8%～25.6%。

（二）水稻施肥技术

按水稻的生育过程施肥可分为前、中、后三个时期，前期是指从移栽至分蘖期终止，也就是水稻的营养生长阶段，此时以促进有效分蘖和争取多穗为目标；中期是指水稻生育已进入生殖生长阶段（花粉形成时期），此时以壮秆攻大穗为目标，但施肥不能过多；后期是指水稻进入抽穗到成熟的时期，此时以攻粒多、粒饱为主，既要保住不脱肥，又不能贪青晚熟。

各时期的施肥原则：在保证充足基肥的同时，要合理控制氮肥的用量，重点施用磷肥、钾肥；同时，注意中微量元素肥的适宜用量。首先，要注意有机肥与无机肥的合理搭配。根据当前热区的土壤营养状况，适当增加有机肥的用量，不仅有利于营养元素的循环和平衡，其自身含有的有机质还能够对土壤进行改良和培肥，增加土壤中微量元素、微生物的含量。其次，要做好大量元素的合理配比，主要为植物必需的元素氮、磷、钾。如果氮肥过量极易引起水稻的贪青及倒伏现象。另外，还会导致稻瘟病高发、空秕率高及千粒质量低等问题。

当种植早季稻品种时，一般情况下，施用氮肥的总量为150 kg/hm^2。其中，施入基肥的量为60 kg/hm^2，在移苗后约17天施入保蘖肥37 kg/hm^2，在移苗后约39天及58天时各施入穗肥22 kg/hm^2，在移苗后67天左右施入粒肥8 kg/hm^2，其中基肥、保蘖肥、穗肥及粒肥各占氮肥总量约40%、25%、30%、5%。

当种植晚季稻品种时，一般情况下，施用氮肥的总量为180 kg/hm^2。其中，施入基肥的量为72 kg/hm^2，移苗15天左右应施入保蘖肥的量为36 kg/hm^2，移苗约26天时施穗肥的量为54 kg/hm^2，移苗53天左右施粒肥的量为18 kg/hm^2，其中基肥、保蘖肥、穗肥及粒肥各占氮肥总量约40%、20%、30%及10%。

不同土壤和水稻品种施肥量也有所不同，即要做到因地制宜，灵活掌握。具体根据土壤肥瘦程度、土壤质地等情况，如果土壤肥沃，则施肥量要减少，土质偏瘦，施肥量就要加大。此外，还要注意看苗施肥，苗壮少施，苗瘦多施。

二、木　　薯

（一）木薯需肥特性

木薯的根系稀疏，但深生、穿透力强，对土壤养分和水分利用率高，能在其他作物难以生长和收获的贫瘠土地上较好生长。与其他作物不同，木薯没有明显的营养生长期和生殖生长期，其块根形成与茎叶生长是同步进行的。木薯的产量构成不仅取决于干物质累积的多少，还取决于营养运输到植物各个部分的分配模式。木薯苗期和块根形成期植株形成的干物质优先累积在地上部，随着块根膨大，地下部物质累积量快速提高，成熟期地下部的生物量超过地上部。地上部的物质累积相对较平稳，从苗期至块根快速膨大期的物质累积趋势近似直线，但成熟期的物质累积趋势趋于缓和。地下部的物质累积动态模式相对多变，近似"S"形曲线，苗期的累积较少，随着块根开始膨大，块根生长早期地下部的物质累积量稍偏上折升，块根快速膨大期大幅度陡升，成熟期稍平缓。

木薯全生育期对各营养元素的需求量依次是氮（N）、钾（K_2O）、钙（CaO）、磷（P_2O_5）、镁（MgO），各养分的比例为 N：P_2O_5：K_2O：CaO：MgO＝ 1.00：0.20： 0.65：0.41：0.19。不同时期木薯的养分累积速度不同，种植后2个月氮累积缓慢，3～4个月氮需求量达到高峰，5～6个月后氮需求量则缓慢下降。磷、钾在木薯种植后2个月也累积缓慢，之后则保持较稳定的累积速度。钙在木薯整个生育期吸收累积量则保持稳定。

木薯具有很强的吸肥能力，能从土壤中吸收并带走大量养分，研究发现，每生产1 t鲜薯，木薯需要吸收的氮、磷、钾、钙、镁分别为6.22 kg、0.79 kg、5.41 kg、2.83 kg、0.89 kg。木薯生长前

热区科学施肥技术

期需要的氮和磷养分较多，钾养分较少；生长中后期需钾养分较多，氮和磷养分较少。木薯苗期需肥量较少，氮、磷、钾的吸收量分别占全生育期的18%～20%、7%～8%和5%～6%，但苗期养分与产量形成关系重大；块根形成期对养分的需求量逐渐增加，块根膨大期对养分需求量最大，之后有所下降，并稳定在一定的水平。块根形成期对氮素比较敏感，氮肥施用过量或不足均不利于块根的发育和淀粉的累积。木薯块根的含钾量很高，其次是氮，而磷、钙、镁和硫含量相对较低，氮、磷、钾、钙、镁养分需求比例约为1.0：0.2：1.2：0.4：0.2。木薯叶片和茎秆中的氮含量约占全株总氮量的65%，只要在收获后实行地上部还田就能满足下茬木薯对氮养分的需求。

（二）木薯施肥技术

木薯施肥宜以长效氮磷钾三元复合肥为主，以中微量肥、尿素、钙镁磷肥、有机肥、生物肥等为辅。在整地时，可一次性基施整个生育期的肥料。如需追肥，宜在定植后3个月内完成，如果生长中期发现缺肥，可适当补施。

不同地力水平和目标产量，肥料施用量也不同。以中等肥力土壤为例，以37.5 t/hm²产量为目标，建议基施纯氮、磷、钾分别为80～100 kg/hm²、40～50 kg/hm²、80～100 kg/hm²，此外，还可适量添加有机肥、土壤调理剂等，如土壤中缺乏中微量元素，可对应补充硫酸镁15～45 kg/hm²、硫酸锌15 kg/hm²、硼砂1 kg/hm²等。

施肥方式以点施和条施为主，施肥点宜离木薯种茎20 cm，肥料埋5～8 cm深。如在高温、强降雨或台风频发地区，可适当深施。

当连作木薯时，推荐N：P_2O_5：K_2O配比为（2～4）：1：（2～4），氮、钾配比宜随着连作年份的延长而相应提高，推荐中等地力的土壤施肥量为1：2、P_2O_5施用量为25～50 kg/hm²。根据土壤的养分情况，结合木薯的营养需求指标，选择施用钙、镁、硫、硼、锌

164

和铜等中微量元素肥料，建议施用硫酸钾镁肥、钙镁磷肥、生物有机肥、火烧土和各种有机肥，以及将间套种作物和木薯的废茎秆还田，从而提高土壤有机质和补充中微量元素肥料，可适当采用植物生长调节剂，注意施用基肥和重施苗肥。

三、鲜 食 玉 米

（一）鲜食玉米需肥特性

鲜食玉米对氮素吸收量最多，钾次之，磷最少，研究表明，不同品种鲜食玉米对氮、磷、钾总吸收量的变化范围分别为$126.58\sim243.76\ kg/hm^2$、$15.25\sim38.99\ kg/hm^2$和$97.49\sim206.19\ kg/hm^2$。

鲜食玉米植株个体干物质重与生育时间的关系呈"S"形变化。在生育前期，植株干物质累积缓慢；在生育中期，植株生长速度加快，干物质累积量迅速增加，此阶段是鲜食玉米生物产量形成的关键时期，在鲜食玉米生育中期保证养分供给对形成较高水平的生物产量尤为重要；在生育后期，干物质累积速度逐渐下降，保证这一阶段的养分需求量，维持较大的绿叶面积、延缓叶片衰老，对提高产量十分重要。鲜食玉米播种后44天干物质累积速率达到最大，最大吸收速率为$5.05\ g/$（株·天）。

氮是影响鲜食玉米产量形成的重要营养元素。随着生育阶段的推进，鲜食玉米对氮的吸收量逐渐增加，后期氮累积量不再增加。鲜食玉米植株个体氮累积量与生育时间的关系呈"S"形变化。植株拔节期之前吸氮量少，氮累积量仅为$0.09\ g/$株。拔节至大喇叭口期，吸氮量迅速增加，此阶段吸氮量占总氮量的26.73%，日均吸氮量为$0.042\ g/$株。大喇叭口期至抽雄期，植株需氮量剧增，吸收速率达到最大，是鲜食玉米吸氮的高峰期，此阶段吸氮量占总氮量的67.86%，日均吸氮量为$0.091\ g/$株。抽雄期至收获期，此阶段吸氮量为0。

鲜食玉米对磷的吸收特点与氮不同，整个生育期其累积量持续增加，直至收获期为止。鲜食玉米拔节期之前吸磷较少，吸磷量仅占总磷量的3.70%。拔节期至大喇叭口期，吸磷量迅速增加，吸收速率加快，此阶段吸磷量占总磷量的23.94%，日均吸磷量为0.006 g/株。大喇叭口期至抽雄期吸收速率最快，出现吸磷高峰期，此阶段吸磷量占总磷量的61.78%，日均吸磷量达鲜食玉米整个生育期最大值，为0.012 g/株。抽雄期以后，吸磷速率减缓，至收获期达到最大累积量，为0.259 g/株。结果表明，鲜食玉米磷素累积量随着生育时期的推进一直增加，吸收速率表现为慢→快→慢的特点。因此，在鲜食玉米生殖生长阶段保证充足的磷素营养，是获得高产的重要手段之一。

随着生育时期的推进，鲜食玉米钾素累积量呈先增加后减少的趋势。鲜食玉米拔节期之前植株吸钾量较少，钾累积量仅为0.095 g/株，吸钾量仅占总钾量的5.53%。拔节期至大喇叭口期，吸钾量迅速增加，此阶段吸钾量占总钾量40.36%，日均吸钾量为0.063 g/株。大喇叭口期至抽雄期，钾素累积量达鲜食玉米整个生育期最大值，为2.228 g/株，是鲜食玉米吸钾的第1个高峰期，此阶段吸钾量占总钾量的83.81%，日均吸钾量为0.111 g/株。此后鲜食玉米钾素累积量迅速下降，至收获期达到最低值，钾素累积量降为1.717 g/株。

（二）鲜食玉米施肥技术

施肥原则：肥料选用上以有机肥为主、化肥为辅。收获前20天减少化肥用量。实行测土配方施肥，对土壤养分含量进行检测，制订目标产量，按照不同品种的需肥特点，依照平衡施肥原则，确定鲜食玉米品种、肥料种类、施肥时间、施肥方法和施肥数量。

1. 基肥

每公顷施腐熟的有机肥18 000～22 500 kg并混匀添加钙镁磷肥300～450 kg及中微量元素肥15～30 kg，施后用粉垄深耕深松机进行粉垄作业，粉垄深度35～40 cm，起垄面宽0.9～1.0 m，沟宽0.4 m，沟深0.2 m，垄长约25 m为宜。推广应用粉垄耕作，一次前行可形成玉米垄面，达到深耕深松，实现玉米增产提质和节本增效的目标。

2. 追肥

在增施有机肥的基础上，轻施苗肥，巧施拔节（攻秆）肥，重施大喇叭口（攻苞）肥。氮、磷、钾配合施用，比例为1：（0.3～0.5）：（0.8～1.0）。追肥无机氮总量控制在40～50 kg/hm^2，建议不施含氯化肥，以利于提高玉米口感品质。

轻施苗肥：3～4叶期，及时追施促苗、壮苗肥，每公顷施用15 kg尿素和15 kg硫酸钾。

巧施拔节肥：根据长势决定施肥量，在7～8叶拔节期，每公顷施尿素20～25 kg、硫酸钾25～30 kg攻秆。

重施大喇叭口肥：12～13叶期，大喇叭口出现后，每公顷施氨基酸水溶肥80～90 kg或者尿素40～50 kg、硫酸钾30～40 kg加复合肥（15-15-15）50 kg攻大穗。

第十一章 其他类作物科学施肥技术

一、橡 胶

（一）橡胶需肥特性

橡胶树是多年生高大乔木，投产后橡胶树既要产胶，又要满足自身生长，对养分的需求量大。橡胶树投产以前，每年会抽生4～7蓬叶，成龄橡胶树一般每年抽生3蓬叶。开割橡胶树每年4—7月抽发的第1蓬叶和第2蓬叶，约占全年叶量的80%，7—9月虽然继续抽叶，但抽叶量少，叶片生长趋于稳定，10月以后叶片开始进入衰老期。橡胶树各养分元素在不同月（或季节）的差异较为明显，但其年度平均值的波动幅度则较小，树叶和树皮是橡胶树的同化器官和生物合成器，是橡胶树生理较活跃的器官。不同品种间叶片矿质营养有显著或极显著的差异，橡胶树叶片养分4—12月总体呈下降的趋势，每年的7—9月养分含量接近年平均值。7月前随着抽叶量的增加和叶面积增大，从贮藏器官转移至新芽中的氮、磷、钾，由于大量消耗和稀释而急剧下降；10月以后吸收减弱，养分大量用于产胶和转入贮藏器官，使叶片氮、磷、钾含量再度出现下降，落叶前达到最低点。随着生长的变化，叶片中的镁养分含量也随着变化或相对稳定，即镁含量随叶片生长和成熟而逐渐增加，8—9月达最高峰。叶片钙含量在一年中随着叶龄增加而不断增加。

据统计，成龄橡胶树对养分的年消耗量为氮（N）206.95 kg/hm^2、磷（P$_2$O$_5$）20.55 kg/hm^2、钾（K$_2$O）91.95 kg/hm^2，橡胶树茎干、根系生长累积的养分占30%～37%，叶片消耗的养分占39%～58%，开花结果消耗的养分占4.4%～13.1%。橡胶树产胶带走的养分为氮11.25 kg/hm²、磷3.6 kg/hm²、钾15.75 kg/hm²，分别占养分消耗量的5.5%、17.5%、17.1%。年产6 kg干胶的橡胶树产胶需要消耗氮52.8 g、磷11.3 g、钾43.7 g，生长累积需要氮180 g、磷7.2 g、钾82.8 g，丰产提高叶片养分水平需要吸收氮32 g、磷3.2 g、钾64 g，开花结果需要消耗氮24 g、磷3.2 g、钾9.2 g，合计每年橡胶树养分需求量为氮289 g/株、磷24.9 g/株、钾200 g/株。橡胶园凋落物、降水及微生物固氮等会将部分养分归还到土壤中。据统计，橡胶树落叶可归还氮49.5 kg/hm²、磷1.65 kg/hm²、钾15.90 kg/hm²，雨水可带入氮21.0 kg/hm²、磷1.2 kg/hm²、钾15.00 kg/hm²，微生物固氮约40.95 kg/hm²。

目前，橡胶树生产过程中普遍采用乙烯利刺激割胶，相同产量下乙烯利刺激割胶养分排出量要多于常规割胶。以生产干胶100 kg为例，刺激割胶需要消耗氮9.54 kg、磷2.88 kg、钾8.94 kg、镁1.62 kg；常规割胶养分消耗量为氮6.75 kg、磷1.61 kg、钾5.89 kg、镁1.18 kg；刺激割胶养分排出量与常规割胶相比氮增加41%、磷增加79%、钾增加52%、镁增加37%。

（二）橡胶施肥技术

1. 幼龄橡胶树施肥

1～2龄幼树每年施用有机肥不少于10 kg/株、尿素0.23～0.55 kg/株、钙镁磷肥0.30～0.50 kg/株、氯化钾0.10～0.20 kg/株、硫酸镁0.08～0.16 kg/株。3龄至开割前幼树每年施用有机肥不少于15 kg/株、尿素0.46～0.68 kg/株、钙镁磷肥0.20～0.30 kg/株、氯化钾0.10～0.20 kg/株、硫酸镁0.10～0.15 kg/株。有机肥一般采用沟施或穴施，一般每年分3次施入化肥，分别在当年第1蓬叶抽生初期、第2蓬叶抽生期间、第3蓬叶抽生期或9月。磷肥应与有机肥混合穴施，其他化肥则挖沟施入，覆土，不应直接将化肥撒施在覆盖物或压青料上。常规胶园可在定植后第2年起实施胶园压青。一般每年

7—10月压青一次，有条件的分别在7月前和11月各压青一次。压青量为每个肥穴或每米通沟25～50 kg压青料。压青料填入肥穴或通沟中，压实，再在压青料上覆盖些泥土。

2. 开割树施肥

开割树每年施用有机肥不少于25 kg/株、尿素0.68～0.91 kg/株、钙镁磷肥0.40～0.50 kg/株、氯化钾0.20～0.40 kg/株、硫酸镁0.15～0.20 kg/株。施肥时间和施肥方法参照幼龄橡胶树。

3. 专用肥及新型肥料研发与应用

我国橡胶树施肥研究与应用工作始于20世纪50年代，经历了从单纯施用氮肥，到氮肥、磷肥、钾肥混施及氮磷钾肥与有机肥配施，再到镁肥和微量元素肥料的施用，最后发展到施用根据营养诊断结果配制的专用肥。20世纪90年代，海南农垦橡胶园已普遍施用根据不同土壤类型区配制的橡胶专用肥，并取得了较好的效果。但是随着时间的推移，橡胶园土壤肥力逐渐下降，新割制下橡胶树养分需求改变，橡胶新品系开始大面积种植，而这些新品系与老的品系在营养特性与养分需求上不尽相同，使得沿用的专用肥配方已出现较大的偏差。

中国热带农业科学院橡胶研究所在植胶区采集4 000余个样品，在充分研究近年来橡胶树新品系的营养特点、产胶能力、胶园土壤肥力现状和植胶区气候特点的基础上，制订出了系列橡胶专用肥料配方10个，其中适用于广东垦区的有4个，适用于海南垦区的有6个；在此基础上，添加了中微量元素成分。另外，该系列橡胶专用肥料在配方中分别制订了针对开割树和中小苗的配方系列；在不同橡胶树品系及物候期上，采取大配方小调整的原则。

针对热带地区肥料养分淋溶损失大、施肥成本增加、环境污染严重等问题，中国热带农业科学院橡胶研究所从生产成本和大田推广需求考虑，结合土壤养分状况与橡胶树营养需求规律，研制出了橡胶树缓释配方肥和橡胶树专用肥料棒两种新型肥料。这两种新型肥料兼具缓控释肥与配方肥的优点，且可根据土壤和橡胶树对养分的需求，高效地将缓控释肥料与速效肥料融合，延长了养分供应时间，并且可以科学添加橡胶树所必需的中微量元素，提高肥料的利用率，减少施肥次数，能更好地为测土配方施肥提供技术和产品支撑，物化测土配方施肥理论和技术，有利于实现区域配方肥施肥，相对于普通橡胶树专用肥料优势明显。其中，橡胶树缓释配方肥近年来在海南儋州国有橡胶园和白沙打安镇等民营橡胶园进行大面积应用，可增产3%～5%，减少施肥用工1/3，减少氮肥用量10%～25%。橡胶树专用肥料棒在研制出肥料棒制造设备基础上，完成了肥料原料选配、肥料试制、肥料性能评价和批量化生产的工作，肥料棒在海南、云南、广东植胶区进行了多点施肥效果验证试验，表现出增产、促生和长效的功能，对干胶含量提升效果显著（年均比对照高1%～2%）。

二、槟　　榔

（一）槟榔需肥特性

槟榔是多年生热带常绿乔木植物，适宜生长在肥沃、深厚、有机质含量丰富、排水性能良好、微酸至中性的沙壤土中，槟榔园区土壤营养成分的高低在很大程度上影响着槟榔的品质和产量。施肥的多少直接决定着园区土壤养分的高低，因此，合理施肥能直接提高槟榔的品质、产量。根据FAO数据，我国是槟榔的第二大生产国。近午来，海南槟榔产业发展势头强劲，海南地处热带地区，全年阳光充足，雨量充沛，是槟榔种植的优势基地。海南槟榔产量高、品质好、经济效益高，产业发展迅猛，是我国槟榔的主产区。槟榔对养分的需求程度主要体现在叶片养分含量变化上。12月至翌年3月为槟榔果采收后的养分恢复期，槟榔主要是营养生长状态，各营养元素主要集中在幼嫩的新叶中，此时温度较低，槟榔根系活动减弱，叶片氮、钾含量较低。4—6月营养生长恢复，气温回升，

槟榔根系活动增强，养分吸收增加，叶片氮、钾含量明显提高，花穗逐步进入分化阶段。6—9月为果实膨大期，生殖生长减弱而营养生长增强，花枝变为果枝，对钾、硼、铁元素需求上升；由于养分向果实转移，叶片养分含量逐渐降低。10—11月为果实成熟期，对钾、硼、铁元素的需求上升，氮、磷、镁、锌元素主要集中于心叶；流动性大的养分向果实和茎干等贮藏器官转移，叶片养分（除钙外）含量降到全年最低。

槟榔植株体内氮主要分布在果实和叶片，磷分布在叶柄和果柄，钾分布在果柄和叶柄，钙分布在叶和果柄，镁分布于叶和叶柄。海南槟榔年生长周期中养分的动态变化为叶片中氮含量在6月和12月有两个明显的高峰，钾含量则在6—10月出现最高值，钙含量于11月至翌年4月出现最高值，6月出现最低值，磷和镁在一年内变化不明显。不同物候期槟榔不同花序的花、果实、果柄中各种养分含量差异不显著。在槟榔花苞生长阶段对钾的需求量大，这时期施肥应以钾肥为主。槟榔花序果实含氮量为最高，果实膨大期对氮的要求迫切。槟榔生长从土壤中带走的养分总量分别为氮57.1 g/株、磷6.84 g/株、钾72.96 g/株、钙23.38 g/株、镁14.92 g/株。槟榔结果树各养分的最佳配比为，氮：磷：钾：钙：镁＝1.00：0.12：1.28：0.41：0.26。

（二）槟榔施肥技术

1. 苗期

苗期主要施加氮肥和农家肥。在第1片真叶展开时，施加稀薄的人粪尿，后续每隔20～25天施加一次，并不断增大施加的浓度。如果是施用化肥，在第1片真叶展开，土壤湿润时，在槟榔苗的侧边施加硫酸铵2 g/株，到了4～5叶期，在槟榔苗的四周施加硫酸铵4 g/株。

2. 幼龄树施肥

槟榔幼树以营养生长（根、茎、叶）为主，对氮素的要求较高。幼龄树以氮肥为主，种植后第2年至结果前，每年要施3次肥，每次施堆肥5～10 kg/株、磷肥0.2～0.3 kg/株、尿素0.1 kg/株或人粪尿5 kg/株，根系外围穴施覆土。投产结果第1年加施氯化钾0.2 kg/株。

3. 成龄树施肥

成龄树营养生长和生殖生长同时进行，施肥以磷肥、钾肥为主，辅以氮肥。

（1）养树肥：采果结束后施，占全年施肥量的10%～50%。目的是使槟榔树在采果后能及时得到养分的补充，对采果后的树势恢复及其后的花序分化都有促进作用，为翌年的开花结果打下基础。施肥的时间多在11月下旬或12月，以有机肥和磷钾肥为主，提高槟榔冬季耐低温、耐干旱的能力，增强光合作用。每株槟榔施有机肥料10～15 kg、氯化钾100～120 g、磷肥0.5～1 kg。于树根15～20 cm处挖沟施入，然后覆土，几种肥料混合后一起施。

（2）催花肥：在2月花开放前施，施肥以钾肥为主，配合施用氮肥。目的是使叶片正常生长，促进花苞正常发育。一般每株施有机肥10～15 kg、氯化钾125～150 g。

（3）壮花肥：3—4月是槟榔盛花期，提高槟榔树开花结果结实率，以施用氮肥、钾肥为主，花前肥施用量大时，这次施肥可以不施或少施。

（4）壮果肥：6—7月施用，此时果实体积处于迅速膨大期，也是一年抽生叶片的旺盛期，对氮的需求迫切。此时应提高氮肥的用量比例，以促进叶片的生长，提高坐果率，使果实体积增大。每株槟榔施有机肥10～15 kg、尿素120～150 g、氯化钾70～125 g。

（5）攻果肥：为促进青果生长，增加一级青果，提高经济效益，每采一穗青果，施一次攻果肥，以速效性的氮肥为主，每株每次施尿素100～150 g。如果前几次施肥量大，可根据树势来确定施肥时间和施肥的数量。

槟榔的成花率较高，但由于受到营养不足、病虫害的影响，往

往往导致结果率较低，仅有成花量的10%，因此，保花保果综合技术已是槟榔生产中的关键技术，在抽穗期、花期和幼果期还要喷施叶面肥，如叶面宝、高美施和氨基酸类叶面肥。同时，在喷叶面肥时加入一些农药防治病虫害，以达到保花保果的目的。另外，水肥一体化技术通过将灌溉技术与配方施肥技术相结合，在作物生长发育过程中将水分和配方肥按少量多次的原则施入，提高植株对水分的利用率及对养分的吸收利用，植株根系吸收快速、有效，基本避免了水分、肥料资源过剩导致的浪费，在增产、提高作物品质的同时减少水肥过剩，增加经济效益。可以根据推荐施肥量，结合水肥一体化技术将水和肥料少量多次施入，使根系能更为有效吸收养分。

三、咖　啡

（一）咖啡需肥特性

咖啡是多年生热带作物，其生长速度和雨水、气温关系密切，如海南5—10月降雨较多，气温高，植株生长量较大，在高温干旱季节或冬季低温时期，生长缓慢。咖啡品种不同，其生长发育也存在差异。小粒种咖啡的主根较短，侧根不多，主要生长于土壤表层；中粒种咖啡主根较长，生长较深，侧根主要分布在15 cm的土层中。小粒种咖啡盛花期在云南为2—3月，海南3—4月；中粒种咖啡在海南从11月至翌年4—5月均陆续开花，2—4月为盛花期；大粒种咖啡4—6月为盛花期。小粒种咖啡从开花到果实成熟需要6～8个月，在当年9—11月成熟，盛熟期为9—10月；中粒种咖啡需要10～12个月，在11月至翌年5月成熟，盛熟期为2—4月。咖啡的需肥规律也与周年气候变化有密切关系，高温高湿季节咖啡生长快，养分需求量大，低温旱季和高温旱季咖啡生长慢需肥量不大。

咖啡作为热带亚热带地区一种主要经济作物，营养状况直接影响其生长、产量和品质。氮是咖啡树营养生长的必需元素，能促进咖啡枝、叶的生长，通过增加每簇花和果的数量及延长叶片寿命以影响咖啡产量，提高咖啡豆蛋白质含量水平。钾对咖啡树的生长发育尤其是对果实的发育和成熟具有极其重要的作用，能促进养分的运输及浆果的发育成熟。咖啡果皮中糖分和果胶物质的合成和转运也需要大量钾元素参与。磷是促进根系、木质部、幼芽生长发育的必需元素。钙对咖啡顶芽和花的发育非常重要。镁是叶绿素的一个组成成分，对光合作用有重要作用。咖啡豆中氮含量显著高于钾、钙、磷和镁，咖啡干果皮中钾含量显著高于氮、钙、磷和镁。咖啡植株对氮、磷、钾、钙、镁元素需求量为氮＞钾＞钙＞镁＞磷，即咖啡植株对氮、钾养分的需求量较大，钙次之。每年咖啡植株消耗的养分总量相当于果实带走养分的4倍，可依据目标产量制订咖啡园的合理施肥量。

咖啡栽培过程中最需要氮肥的时期是开始开花和生长的雨季初期及浆果成熟期，氮供应充足能使咖啡树生长旺盛，提高产量；咖啡缺氮则叶片变成淡绿色或黄色，叶片缩小，植株生长受到抑制，无荫蔽栽培尤为明显。土壤缺磷往往是限制咖啡生长的主要因素，缺磷植株老叶出现斑驳和不规则的红黄色斑点。缺钾植株生长势衰弱，幼果大量枯死，容易枯梢，老叶出现坏死组织，并且落叶严重。咖啡果实中钙的浓度比叶片中要低一些，通常土壤中供应的钙能够满足植株的需求，缺钙植株幼叶会出现边缘失绿和生长点枯萎，而且钙不能从老叶转移至新的枝条上。镁在咖啡果实中含量也较高，缺镁植株老叶出现失绿现象，不久即凋落，中脉变黄，叶脉间出现典型的失绿现象。

咖啡全年生长发育，新梢生长量大，结果枝需年年更新，果实从开花到成熟时间长，需要消耗大量养分，咖啡正常生长需要有充足的养分供应。幼果期咖啡植株营养生长和生殖生长并进，新梢、新叶和幼果生长需要吸收和消耗大量的营养元素，植物营养水平较高。咖啡果实成熟期至果实采收，咖啡植株的生长重心是果实，这一时期是咖啡果实干物质累积的关键时期，植物养分逐渐转向果

实，并随着果实的大量采收，养分被大量带走，这一时期叶片养分含量均出现不同程度的降低。咖啡初花期即果实采收全部结束，处于一个恢复树势、孕育花芽的阶段，植物对养分的需求相对减弱。因此，根据咖啡的营养特性合理施肥是增加咖啡产量、延长咖啡树经济寿命的有效措施。

（二）咖啡施肥技术

咖啡施肥需要考虑植株年龄、长势、营养状况、品种及土壤等因素。定植后到结果前，是咖啡营养生长期，需氮肥较多，此时根系也迅速生长发育，需要磷肥，应重施氮肥、磷肥。进入结果期后，除了施氮肥以满足生长结实外，还需施用钾肥，以满足结果的需要。据分析，生产1 t咖啡豆（鲜干比为5：1计算，相当于5 t咖啡鲜果）需要每年施用氮（N）112.1 kg/hm^2、磷（P_2O_5）38.4 kg/hm^2、钾（K_2O）149.8 kg/hm^2；按照不同生长发育阶段，幼龄树或营养生长阶段配方为N：P_2O_5：K_2O＝1.0：0.2：0.6，成龄树或生殖生长阶段配方为N：P_2O_5：K_2O＝1.0：0.3：1.7。按照150 kg/亩的目标产量，以氮肥利用率30%、磷肥利用率20%、钾肥利用率40%计算，设定土壤供肥量为氮（N）8.41 kg/亩、磷（P_2O_5）2.88 kg/亩、钾（K_2O）11.24 kg/亩，每亩需要施用尿素62.29 kg、钙镁磷肥78.56 kg、硫酸钾56.02 kg，合计约200 kg。

咖啡施肥以土壤施肥为主，吸收根分布浅，根系水平分布范围与树冠基本一致，要求疏松、肥沃、排水良好的土壤，最好选择坡度在25°以下的坡地。幼龄树施肥位置在树冠滴水线，结果成龄树可在株间或行间施用，可在根圈四周交替施用。沟施深度为15 cm左右，长度50 cm左右，如根据养分投入量自配掺混肥需要搅拌均匀后施用，并与农家肥或有机肥配合施用，施肥后覆土。有条件的果园可以采用水肥一体化技术，肥料浓度不宜超过5%。10—11月花芽分化和采果前，可叶面喷施0.2%～0.5%磷酸二氢钾溶液及硼、锌等微量元素肥料，有利于开花和坐果。每年可施用生物有机肥不少于500 kg/亩或是普通有机肥1 000 kg/亩（分2次施用）。旱季如要进行施肥，需要具备灌溉条件，可以采用水肥一体化技术，也可以加入土壤保水剂，以提高肥料利用率。

此外，应根据当年咖啡树结果情况，适当调增或调减肥料施用量。咖啡树结实多的年份，要多施肥料，促进多长新枝，保证翌年的产量，缓和大小年结实现象。当土壤酸度过大时，通过施用石灰、土壤调理剂、碱性肥料和有机肥改良土壤理化性质，促进土壤生态平衡和植株养分吸收。当土壤pH低于5时，每2年施用一次生石灰100 g/株，在滴水线根圈内撒施，浅中耕翻入土壤。

四、澳洲坚果

（一）澳洲坚果需肥特性

澳洲坚果是典型的排根作物，根系密集且分布较浅，适合生长在温和、降水量适宜、土壤透气性好且风力较小的地区。排根具有极强的土壤养分挖掘能力，其形成主要受磷养分的影响。低磷诱导排根的形成，排根增加了与土壤的接触面积，同时能分泌大量有机酸、酸性磷酸酶等，活化土壤中的难溶性磷。供磷水平过高时，排根的形成及生理功能受到抑制。因此，充分利用澳洲坚果自身的生物学潜力挖掘土壤磷，减少高浓度水溶性磷肥的投入，可以避免浪费，提高养分利用效率，从而达到增产增效的目的。

澳洲坚果是多年生经济作物，在不同的生长发育阶段养分吸收特性有较大的差异。澳洲坚果的生长周期在云南省表现为4个明显的阶段：开花期（2—3月）、果实膨大期（4—5月）、油分累积期（6—9月）、果实成熟期（8—9月）。研究表明，每100 kg鲜壳果所含养分量为氮（N）405 g、磷（P_2O_5）37 g、钾（K_2O）333 g、钙（CaO）21 g、镁（MgO）22 g。澳洲坚果叶片营养特性也一直是施肥的重要依据，叶片一年中各月的营养水平受生长期、施肥

措施等多方面因素的综合影响而变化较大，其大中量元素氮、磷、钾、钙、镁及微量元素硼、铁、铜等随月而变化，并表现出一定的季节性规律。氮、磷、钾三元素的季节变化以春季含量相对稳定，且接近全年平均值；夏季含量相当低且波动较大，秋季果实发育结束时养分迅速累积，且达到全年最高值，冬季进入花期前时养分又开始下降。钙、硼含量在春季略呈下降趋势，含量较低，2月含量为全年最低值，3—4月以后，钙、硼含量迅速上升，7—8月达全年最高值，8—9月以后，又迅速下降，至11月最低，12月又略有回升。镁含量的变化规律与钙相似，但月含量波动较大，最低值出现时间有所不同，规律没有钙明显。叶片硼含量在春季最低，这可能与开花有关，花期对硼的需求更大，从而导致叶片中硼含量降低。

叶片营养不仅在不同物候期含量不同，且在不同品种之间也存在较大差异。一般情况下，澳洲坚果叶片中的氮、磷、钾含量在春季下降，是由于春季抽梢、开花和结果；而在夏末会再次出现下降，是因为此时恰好是夏季抽梢期，新器官建成需要消耗养分；秋季是坚果的油分累积期而冬季是营养累积期，因此，叶片中的养分处于稳定状态。叶片中氮和镁含量是逐渐升高的，磷和铁含量先增加后减少，其中，铁的变化幅度剧烈，而钾和铜含量是先减少后增加，钙含量是逐渐下降。叶片中矿质养分含量是植株营养状况最直接的反映，也最具有代表性，根据澳洲坚果叶片中营养元素的丰缺程度，可以进行针对性施肥，为果树及时补给养分。

（二）澳洲坚果施肥技术

1. 幼龄树施肥

幼龄树施肥以氮肥和磷肥为主，适当补充钾肥，促进植株快速生长，形成丰产树冠。澳洲坚果幼龄期一般为4年，第5年开始结果，第10年才进入盛产期。肥料的施用和选择一般受多种因素影响，为促进幼龄树的营养生长，可以定期施用氮、钾的速效水溶性肥料及磷肥，配施中微量元素肥料，如锌、硼、镁肥等。施肥应该在雨季进行，若无降雨施肥之后应该辅以灌溉，以确保肥料更好地被根系吸收，促进地上部生长。澳洲坚果的生长旺盛期可以适当喷施硼、锌叶面肥，一般硼肥于春季施用，锌肥于夏季施用。

对于幼龄树，肥料的施用应与枝梢生长物候相结合。幼树的施肥时期一般以一梢两肥施肥较合理，即促梢肥和壮梢肥，另外，每年在春梢前和植株生长相对缓慢的7—8月施有机肥，即铺肥和压青。促梢肥一般是在枝梢萌芽前1周至少量枝梢萌芽之前，施尿素促梢。在大部分嫩梢抽出7～10 cm至梢基部的新叶由淡绿色变为深绿色之间，施用复合肥和钾肥壮梢。从二年生树开始，每年在春季生长高峰来临前，即春梢前进行铺肥。具体铺肥方法为肥料预先堆沤腐熟，二年生树在树冠滴水线挖环状沟；三年生树挖半圆形沟，四年生树挖沟长达树冠周围1/3。沟宽和深各30 cm，沟的内壁以见根为宜，避免大量伤根，然后用腐熟肥和土拌匀回沟。从二年生树开始，每年7—8月在植物生长相对缓慢的季节进行压青改土。在树冠滴水线下挖长1 m、宽0.4 m、深0.6 m的压青坑，坑靠植物一边的内壁以见根为宜，避免大量伤根，然后用绿肥和预先堆沤腐熟的肥料分层回坑，再用挖出的心土覆盖。

2. 成龄树施肥

结果树应控制营养生长，充实树梢，以培养结果枝为主。以施用氮肥、磷肥、钾肥为主，适当配施其他微量元素，提高坐果率。由于澳洲坚果全年都可开花、结果，依据果树开花结果时间并结合果实发育的不同阶段，可以将结果树的管理分为开花期、果实膨大期、油分累积期和采后管理期4个关键时期。结果树一般每年施3次肥，分别是花前肥、壮果肥和采后肥。澳洲坚果开花季节对氮、磷需求量较大。花前肥在开花前半个月施入，以促进植物花芽分化，为开花结果提供充足的养分。视植物生长情况，每株施尿素0.1～0.2 kg、复混肥0.5～1.0 kg。如果植株较大，则适量增加施肥量。壮果肥，在果实膨大期施入，以促进果实的膨大，提高产量，一般在6—7月进行。壮果肥的施用，应适当控制氮的用量，以免引

起树体营养生长过于旺盛，而造成减产。视植株生长情况，株施复混肥1~2 kg，有条件的还可以配施0.5 kg左右的氯化钾。如果植株较大，挂果较多，则可适量增加施肥量。采后肥一般在采果后15~20天施下，促进树势恢复，提供树体抽梢营养，增加营养物质的累积，为第2年稳产高产打下基础。采后肥应以有机肥为主，并配施一定的复混肥。视植物生长情况，株施有机肥50~100 kg、复混肥1~1.5 kg。如果植株较大，则可适量增加施肥量。

结果树在春季气温回暖，根系恢复生长、花穗抽生之前施一次已堆沤腐熟的有机肥，以农家肥为主，豆饼和氮、磷、钾复合肥为辅。有机肥肥效长，提前在抽穗开花前施用，既可以为花期和幼果迅速增长期提供养分，又能改善土壤的物理和化学性状。

五、甘　蔗

（一）甘蔗需肥特性

甘蔗生育期较长，一般从发芽到甘蔗收成需要10~12个月，而且甘蔗植株高大，茎叶十分繁茂，每亩地上部生物量巨大。所以，在甘蔗的整个生长发育期间所需的矿质营养元素较多，需肥量大。甘蔗对各种营养元素的需求量，因甘蔗种类、种植时间、施肥技术、土壤类型和气候条件等不同而存在差异。甘蔗属于喜钾作物，在整个生育期内甘蔗对氮（N）、磷（P_2O_5）、钾（K_2O）的吸收量为$K_2O>N>P_2O_5$，N：P_2O_5：$K_2O=1.0$：（0.6~0.7）：（1.2~1.6）。一般每产1 000 kg原料蔗需要吸收氮（N）1.08~3.20 kg、磷（P_2O_5）0.27~0.70 kg、钾（K_2O）1.01~3.34 kg。

甘蔗不同生育时期对养分的需求在种类和数量上也存在差异，养分吸收存在阶段性和连续性。甘蔗生长周期可分为苗期、拔节期、生长期、成熟期及收获期5个阶段。不同生长期对氮、磷、钾的需求和吸收状况各不相同，但总体趋势为生长的早期和后期需肥较少，生长中期需肥较多。甘蔗开始萌芽主要是依靠种苗自身贮藏的养分，无须从外界吸收肥料。进入苗期后，苗根和叶不断增生阶段才迫切需要养分，但总体吸肥量较少，主要是对氮的需求较大，钾、磷次之。在分蘖期，甘蔗不断增生分蘖，根系也不断发展，需肥量逐渐增大，此阶段对氮、磷、钾的吸收量占总吸收量的10%～20%。伸长阶段正值高温、多雨和强光照季节，甘蔗对光能和养分的利用效率最高，是甘蔗营养的最大效益期和吸肥高峰期，也是甘蔗的重点施肥期。进入伸长期后，随着新梢、叶片和根系的不断更新和大量增生使得蔗茎迅速伸长，对氮肥、磷肥、钾肥的吸收量急剧增加，此阶段甘蔗吸收的养分占全生育期的50%以上。伸长期以后，甘蔗生长逐渐缓慢，甚至停止生长，蔗茎中累积的蔗糖达到高峰，甘蔗进入成熟期。此阶段甘蔗需肥量减少，但仍然需要一定量的营养成分，来满足植株各部分营养器官的新陈代谢需要。

甘蔗对养分的吸收具有很明显的阶段性，但为了维持甘蔗的正常生长，在整个生长过程中都需要为其提供养分，这体现了甘蔗吸肥的连续性。因此，在甘蔗整个生长期一定要满足其对养分的需求，避免生长后期养分供应不足，出现早衰减产现象。

甘蔗对矿质营养的缺乏最为敏感的时期是生长初期，缺乏氮、磷、钾的临界期一般表现在苗期，此阶段虽对氮、磷、钾绝对需求量不大，但缺素容易导致苗、蘖生长不佳，对甘蔗生长发育造成损伤，即使后期补施也难以弥补，最终导致产量下降，造成经济损失。所以，施肥过程中要注意在甘蔗种植当下或在萌芽期就施用全部的磷肥、钾肥，氮肥也应该适当施用。在不同的甘蔗生产地区，甘蔗对养分的吸收量也不同。广西蔗区1 t蔗茎对氮、磷、钾的吸收量分别为0.80 kg、0.30 kg、1.33 kg，而广东湛江蔗区为1.72 kg、0.42 kg、4.09 kg。在湛江蔗区，含有斑茅基因的BC2-32对养分需求量大，1 t蔗茎对氮、磷、钾的吸收量分别为2.31 kg、0.57 kg、4.74 kg，比粤糖60号、新台糖22号、粤糖55号等要高。

（二）甘蔗施肥技术

甘蔗生长周期长，产量高，对养分需求量大，我国南方各类土壤提供的养分难以满足甘蔗生产需求，必须通过合理施肥，才能充分发挥甘蔗高产特性，达到高产和高效益的目的。广西农业科学院谭宏伟等（2013）的试验表明，目标产量75～100 t/hm^2，甘蔗推荐施氮（N）量为270～315 kg/hm^2、施磷（P$_2$O$_5$）量为75～90 kg/hm^2、施钾（K$_2$O）量为225～270 kg/hm^2。甘蔗施肥基本原则主要为基肥足量，适时追肥，基肥、追肥并重。基肥一般以有机肥与磷钾肥为主，并配施一定量氮肥，以保证全苗和壮苗，追肥则以氮肥为主，以促进分蘖和长茎，并保证中后期养分需求。

基肥：甘蔗基肥应占总施肥量的30%～40%，每亩施用尿素10～15 kg、钙镁磷肥（或过磷酸钙）40～50 kg、氯化钾20～25 kg。尽量做到均衡施肥，注意有机肥与化学肥料配施，每亩施用农家肥1 000～2 000 kg，施用农家肥时化肥用量根据农家肥养分投入量酌情减少。基肥施于植蔗沟底，与土壤充分拌匀，可用腐熟有机肥盖种。

追肥：在蔗苗生长6～7片真叶时，结合大培土，深施、重施追肥，施肥量占总施肥量的60%～70%，每亩施用尿素20～40 kg、氯化钾10～25 kg，或是施用甘蔗专用复合肥40～80 kg。

根外追肥：我国蔗区存在不同程度的微量元素缺乏问题，可采用叶面喷施方式及时补充微量元素，如缺硼或缺锌地区，可喷施0.1%～0.3%硼砂或硫酸锌溶液。也可以叶面喷施大量元素，迅速补充养分，如可用0.5%磷酸二氢钾或1%尿素溶液喷施。

参 考 文 献

安东升，刘亚男，严程明，等，2022. 田间补充灌溉施肥对菠萝生长、产量及水肥生产力的影响［J］. 热带作物学报，43（6）：1166–1173.

白翠华，周昌敏，王祥和，等，2021. 荔枝滴施钾氮肥适宜比例及不同方式施肥效果的比较［J］. 中国土壤与肥料，5：58–66.

白玉杰，2013. 水肥耦合对油茶生长及土壤性状的影响［D］. 南京：南京林业大学.

曹明，张雪彬，陶凯，等，2018. 甜瓜西州密25号养分吸收与需肥特性研究［J］. 现代农业科技（11）：70–71.

查晋燕，2021. 海南‘妃子笑’荔枝化肥减施增效技术研究［D］. 海口：海南大学.

陈才志，2020. 槟榔养分分布规律及推荐施肥技术研究［D］. 海口：海南大学.

陈耿，彭荣锋，伍泰旭，2018. 夏秋季豇豆高产优质防控管理关键技术［J］. 广西农学报，33（3）：51–53.

陈广锋，杜森，江荣风，等，2013. 我国水肥一体化技术应用及研究现状［J］. 中国农技推广，29（5）：39–41.

陈清，陈宏坤，2016. 水溶性肥料生产与施用［M］. 北京：中国农业出版社.

陈胜文，王迪轩，隆志方，等，2019. 豇豆科学施肥及注意事项［J］. 科学种养（1）：36–38.

戴声佩，李海亮，刘海清，等，2012 中国热区划分研究综述［J］. 广东农业科学，39（23）：205–208.

董倩倩，赵鑫，倪书邦，等，2020. 澳洲坚果的营养特性与施肥管理途径［J］. 中国南方果树，49（1）：149–154.

董艳，董坤，鲁耀，等，2009. 设施栽培对土壤化学性质及微生物区系的影响［J］. 云南农业大学学报，24（3）：418–424.

冯美利，张大鹏，曹红星，等，2015. 油棕果穗矿质营养元素累积特性研究［J］. 中国热带农业，5：63–66.

高丹，2016．钾、钙和镁叶面营养对三月红荔枝果皮着色的调节效果及其分子生理成因［D］．海口：海南大学．

高祥照，马文奇，杜森，等，2001．我国施肥中存在问题的分析［J］．土壤通报（6）：258-261．

郭继阳，2019．菠萝施肥调研与金菠萝营养特性及减肥技术研究［D］．海口：海南大学．

韩联健，陈思婷，韩超文，2007．椰子可持续发展施肥策略［J］．广西热带农业，4：13-15．

何翠翠，冯焕德，魏志远，等，2019．海南省杧果主产区果园施肥状况与评价［J］．中国土壤与肥料，3：122-129．

何电源，1994．中国南方土壤肥力与栽培植物施肥［M］．北京：科学出版社．

何世明，梁斌，武德军，等，2020．设施菜地番茄的养分需求规律［J］．华北农学报，35（z1）：282-288．

侯延杰，薛进军，张鹤华，等，2016．灌溉施肥模式对龙眼生长、果实形成过程及产量的影响［J］．灌溉排水学报，35（3）：100-104．

胡霭堂，周立祥，2003．植物营养学（下册）［M］．2版．北京：中国农业大学出版社．

胡小璇，2020．杧果有机无机肥配施效果及有机肥氮素有效性初探［D］．南京：南京农业大学．

胡英宏，赵艳，任泽广，等，2022．生物有机肥对菠萝根际真菌群落及心腐病发生率的影响［J］．果树学报，39（9）：1678-1690．

黄飞龙，2016．"水南1号"龙眼生长发育特性及丰产栽培关键技术［J］．南方园艺，27（2）：42-43，45．

黄建建，2018．油茶幼林水肥一体化效应研究［D］．南昌：江西农业大学．

黄巧义，唐拴虎，陈建生，等，2013．木薯物质累积特征及其施肥效应［J］．作物学报，39（1）：126-132．

黄雄峰，熊月明，苏潮云，2020．波罗蜜优良单株'秋红'特征特性及栽培技术要点［J］．东南园艺，8（3）：36-37．

黄雄志，2020．火龙果无公害高产栽培方法探析［J］．农业开发与装备，4：147，155．

姜伟，王勇，曹继龙，等，2012．日光温室番茄需肥特点及其科学施肥技术研究［J］. 内蒙古农业科技（5）：56-58.

孔庆波，张青，栗方亮，2021. 福建省果园水肥一体化配置和使用现状调查［J］. 中国果树（3）：85-90.

李国良，2017. 荔枝滴灌施肥效应研究［D］. 广州：华南农业大学.

李国鹏，何红艳，罗心平，等，2009. 咖啡营养特性及营养诊断研究进展［J］. 中国农学通报，25（1）：248-250.

李焕苓，查晋燕，魏志远，等，2022. 化肥减施对荔枝园土壤微生物功能多样性的影响［J］. 中国土壤与肥料，2：25-33.

李静，郑丽，何时雨，等，2013. 海南省油棕园土壤养分调查与评价［J］. 南方农业学报，44（6）：958-962.

李莉婕，赵泽英，黎瑞君，等，2022. 水氮钾耦合对火龙果产量和品质的调控效应［J］. 南方农业学报，53（3）：859-868.

李莉婕，2021. 水氮钾及其耦合对火龙果营养生理和产量品质的调控［D］. 重庆：西南大学.

李亮，2016. 平果县火龙果生产现状及产业化发展对策研究［D］. 南宁：广西大学.

李少昆，刘永红，李晓，等，2011. 南方地区甜、糯玉米田间种植手册［M］. 北京：中国农业出版社.

李新国，2016. 热带果树栽培学［M］. 北京：中国建筑工业出版社.

李燕婷，李秀英，肖艳，等，2010. 苦瓜的养分需求特点与施肥技术［J］. 中国农业信息（9）：19-20.

李羽佳，2019. 中国典型区域西瓜施肥现状及氮肥优化研究［D］. 重庆：西南大学.

李正丽，文林宏，李桂莲，等，2018. 豇豆栽培技术［J］. 农技服务，35（2）：24-28.

梁海波，黄洁，魏云霞，2018. 木薯营养施肥研究与实践［M］. 北京：中国农业科学技术出版社.

林同欢，廖进勇，李晓河，等，2016. 储良龙眼丰产优质栽培技术［J］. 中国热带农业，2：71-72，52.

林乙明，2019. 海南鲜食甜玉米绿色高产栽培技术探讨［J］. 农业科技通讯（7）：342-344.

刘彬，王孝忠，管西林，等，2017. 膜下滴灌条件下温室秋延辣椒养分吸收及

分配规律 [J]. 中国蔬菜（5）：50-57.

刘帆，付登强，周焕起，等，2022. 槟榔栽培技术研究进展 [J]. 热带农业科学，42（4）：16-21.

刘俊臣，2019. 西瓜的需肥特点及施肥技术 [J]. 中国果菜，39（3）：79-81.

刘兆辉，吴小宾，谭德水，等，2018. 一次性施肥在我国主要粮食作物中的应用与环境效应 [J]. 中国农业科学，51（20）：3827-3839.

卢维宏，张乃明，包立，等，2020. 我国设施栽培连作障碍特征与成因及防治措施的研究进展 [J]. 土壤，52（4）：651-658.

陆景陵，2003. 植物营养学（上册）[M]. 2版. 北京：中国农业大学出版社.

吕岱竹，林靖凌，韩丙军，等，2018. 海南豇豆病虫害全程控制技术研究与应用 [J]. 农产品质量与安全（3）：35-38.

吕玉兰，黄家雄，2012. 小粒种咖啡营养特性的初步研究 [J]. 热带农业科学，32（10）：10-13.

马二磊，黄芸萍，臧全宇，等，2018. 甜瓜植株和果实生长模型的拟合与分析 [J]. 南方农业学报，49（7）：1358-1363.

庞强强，孙晓东，蔡兴来，等，2021. 海南夏秋季设施叶菜栽培技术 [J]. 长江蔬菜（5）：27-28.

普忠华，2018. 浅谈当前农民在施肥方面存在的问题及解决方法 [J]. 农业开发与装备（3）：140，142.

漆智平，2007. 热带土壤学 [M]. 北京：中国农业大学出版社.

石长青，2022. 豇豆科学施肥及注意事项研究 [J]. 农业开发与装备（5）：214-216.

宋凤仙，齐文娥，李胜文，2021. 化肥施用技术效率及其影响因素分析——以荔枝产业为例 [J]. 广东农业科学，48（5）：158-164.

宋付平，黄洁，陆小静，等，2009. 中国木薯施肥研究进展 [J]. 中国农学通报，25（4）：140-144.

覃武，覃斯华，洪日新，等，2016. 广西大棚厚皮甜瓜水肥一体化栽培关键技术 [J]. 中国瓜菜，29（4）：38-40.

谭宏伟，周柳强，谢如林，等，2013. 木薯对氮、磷、钾、镁、锌、硼的吸收特性及施肥效应 [J]. 南方农业学报，44（1）：81-86.

王迪轩，欧迎峰，2021. 小白菜科学施肥及注意事项［J］. 长江蔬菜（3）：69-71.

王锋堂，2019. 大中微量元素对海南槟榔果产量与品质影响［D］. 海口：海南大学.

王娟娟，2016. 我国蔬菜施肥现状调查研究［J］. 中国农技推广，32（6）：11-13.

王萍，刘立云，董志国，等，2014. 椰子不同叶序5种矿质元素含量变化规律初探［J］. 西南农业学报，27（2）：743-747.

王清雄，2021. 浅谈泰国8号波罗蜜高产优质栽培技术［J］. 农业科技通讯，11：310-312.

王卫平，薛智勇，朱凤香，等，2013. 豇豆对营养元素的吸收积累与分配规律研究［J］. 水土保持学报，27（6）：158-161，171.

王颖，2016. 厚皮甜瓜光合特性及产量和品质形成特点的研究［D］. 海口：海南大学.

王重阳，姜丽，2017. 不同生育期施肥对番木瓜产量的影响［J］. 现代化农业，8：17-18.

文定青，石胜友，王一承，等，2015. 广西樱桃番茄高产栽培技术探讨［J］. 园艺与种苗（8）：28-31.

吴道铭，傅友强，于智卫，等，2013. 我国南方红壤酸化和铝毒现状及防治［J］. 土壤，45（4）：577-584.

吴辉，邬华容，2021. 荔枝高产稳产栽培技术［J］. 中国农业文摘：农业工程，33（4）：14-16.

吴健雄，蒋仁娇，李伯松，等，2022. 广东地区设施大棚小型西瓜一苗三收高效栽培技术规程［J］. 长江蔬菜（3）：40-43.

徐聚邦，2015. 水稻种植及施肥技术［J］. 南方农业，9（30）：72-73.

徐明岗，张文菊，黄绍敏，等，2015. 中国土壤肥力演变［M］. 2版. 北京：中国农业科学技术出版社.

严程明，安东升，刘洋，等，2021. 菠萝灌溉施肥技术研究进展［J］. 热带作物学报，42（6）：1777-1787.

严程明，张江周，石伟琦，等，2014. 滴灌施肥对菠萝产量、品质及经济效益的影响［J］. 植物营养与肥料学报，20（2）：496-502.

易琼，李国良，黄旭，等，2022. 配施中微肥对荔枝产量、品质及养分吸收累

积的影响［J］. 果树学报，39（9）：1649-1658.

张朝明，赵坤，唐胜，等，2021. 广西长豇豆设施栽培技术［J］. 北方园艺
　　（13）：174-176.

张福锁，崔振岭，王激清，等，2007. 中国土壤和植物养分管理现状与改进策
　　略［J］. 植物学通报，24（6）：687-694.

张海，2016. 日光温室架式栽培番茄水肥需求规律及供给模式研究［D］. 泰
　　安：山东农业大学.

张瀚，2021. 火龙果养分分布规律及推荐施肥技术研究［D］. 海口：海南
　　大学.

张金铭，杨衍，戚志强，等，2021. 苦瓜干物质分配和养分吸收规律研究
　　［J］. 北方园艺（1）：7-14.

张敏强，曹淑玲，陆洁梅，等，2008. 适度规模叶菜类蔬菜生产基地种植技术
　　［J］. 现代农业科技（17）：43-44.

张万洋，李小坤，2020. 水稻硅营养及硅肥高效施用技术研究进展［J］. 中
　　国土壤与肥料（4）：231-239.

张旭，熊又升，贺正华，等，2021. 鲜食玉米干物质和养分动态累积与分配特
　　征［J］. 安徽农业科学，49（20）：181-184，188.

赵凯丽，徐明岗，周晓阳，等，2022. 南方典型红壤区旱地与水田土壤酸度的
　　剖面差异性［J］. 土壤，54（5）：1010-1015.

郑良永，郑龙，2013. 我国菠萝水肥管理研究现状、存在问题及研究展望
　　［J］. 南方农业，7（3）：35-37.

郑晓芸，2021. 福建福清地区设施番茄无公害高效栽培技术［J］. 四川农业
　　科技（1）：25-27.

郑煜基，林兰稳，罗薇，2001. 荔枝营养需求特点及其施肥技术研究［J］.
　　土壤与环境，10（3）：204-206.

中国热带农业科学院，2014. 中国热带作物产业可持续发展研究［M］. 北
　　京：科学出版社.

中国热带作物学会热带园艺专业委员会，中国热带农业科学院南亚热带作物研
　　究所，2000. 南方优稀果树栽培技术［M］. 北京：中国农业出版社.

钟功甫，黄远略，梁国昭，1990. 中国热带特征及其区域分异［J］. 地理学
　　报（2）：245-252.

钟声，陈广全，谢绍文，等，2009. 荔枝根外配方施肥优质丰产栽培技术

　　[J]．中国热带农业，3：62-64.

周艳飞，2014．热带作物栽培基础［M］．云南：云南大学出版社.

朱白澍，梁涛，2010．我国设施农业土壤障碍现状［J］．磷肥与复肥，25
　　（3）：73-75.

朱兆良，金继运，2013．保障我国粮食安全的肥料问题［J］．植物营养与肥
　　料学报，19（2）：259-273.

B SUMATHY KUTTY AMMA，黄循精，1983．椰子根系的研究［J］．热带
　　作物译丛，3：43-44.